La fonte des glaces

DU MÊME AUTEUR

Chez le même éditeur

AIRE DU MOUTON, 2011

LA SALLE, 2015

LA MER C'EST RIEN DU TOUT, 2016

Chez d'autres éditeurs

ANGLE PLAT, Hors Jeu Éditions, 2002

UN RANG D'ÉCART, L'arbre à paroles, 2003

START-UP, Le Quartanier, 2007

PRÉ OU CARRÉ, Éric Pesty Éditeur, 2015

Joël Baqué

La fonte des glaces

Roman

P.O.L
33, rue Saint-André-des-Arts, Paris 6e

L'auteur remercie le Centre national du Livre pour son soutien.

ISBN : 978-2-8180-1391-5
www.pol-editeur.com

Louis prend la tasse de café et remercie Ivaluardjuk. Ils sont seuls, lui et son guide mutique, au milieu de l'immensité glacée. La localité la plus proche est à plusieurs heures de motoneige. Ivaluardjuk laisse son client récupérer de sa folle épopée. L'Inuit connaît l'effet du désert polaire sur les étrangers venus de contrées où les ciels bougent, où les végétaux ne s'enterrent pas pour survivre, où l'eau coule en toute liberté. Ici, il n'y a que la banquise, cimetière de mers dont les très anciens mouvements se sont figés en montagnes de glace d'où ne s'envole aucun rapace, où ne bondit aucun chamois, qu'aucun ruisseau ne sillonne. Mais c'est le premier de ses clients à s'être laissé envoûter par le chant d'une sirène des glaces, séduire par une de ces créatures qui appellent les voyageurs pour les conduire à la mort blanche, songe Ivaluardjuk en le regardant boire son café. Allongé sur le lit du gîte, Louis recouvre peu à peu ses esprits. Il tente de comprendre ce qui lui est arrivé, comment il a pu faire une chose si insensée malgré l'évidence du danger, malgré sa totale adhésion aux consignes de sécurité. Il se rappelle avoir démarré la motoneige et glissé comme en un rêve éveillé. Malgré le froid énorme il avait poursuivi son avancée dans un état second, perdu dans ses pensées puis perdu tout court, égaré dans un espace sans point de repère. L'horizon n'était qu'une ligne de soudure entre ciel et glace. Très vite des essaims de mouches blanches l'avaient assailli qu'en vain il tenta de chasser d'une main, l'autre restant agrippée au guidon. Mais dans l'Antarctique il n'y a ni mouches polaires ni mouches albinos. Les essaims sont des flocons givrés, les piqûres celles du froid. Après avoir perdu le contrôle de l'engin, il s'était relevé pour faire face aux bourrasques brusquement lancées sur lui comme si rester immobile l'avait transformé en proie. C'est ainsi que l'avait trouvé Ivaluardjuk, hagard, bonhomme de neige en chair et en os, prêt à sombrer dans le néant.

Ses maux de tête s'estompent, mais il a du mal à se concentrer et s'efforce de retrouver les images de paysages africains apparues durant sa périlleuse chevauchée, ses tentatives de chasser les flocons de neige l'ayant ramené en Afrique au temps de son enfance, quand sa petite main essayait d'éloigner les mouches qui l'assaillaient tandis qu'il pédalait sur son tricycle. Car Louis fut conçu en terre africaine par une mère carcassonnaise et un père comptable. Sa vie d'avant la vie fut doublement enveloppée de chaleur : la maternelle (douce et liquide) et l'africaine (torride et puissamment attelée de mouches). La peau tendue du ventre maternel filtrait le rugissement lointain des lions mais servait de caisse de résonance aux mouches qui arpentaient sa rondeur. Fût-il devenu écrivain, marqué par cette expérience précoce, *Premières impressions d'Afrique* aurait été son premier livre, traduit d'une écriture en pattes de mouche.

Son père tenait la comptabilité de la grande bananeraie près de laquelle il fut piétiné un jour de congé par un éléphant qu'il venait de photographier et que sa tenue de cyclotouriste, orange vif, avait irrité. Dans les régions où la poussière uniformise les êtres et les choses il est risqué de rompre l'équilibre par des couleurs ou des gestes trop vifs montrant qu'on n'a pas été assimilé par l'Afrique, qu'on lui reste étranger. Le cliché, pris juste avant la charge de l'éléphant, montre un grand mâle aux oreilles largement déployées, ce qui aurait dû inciter le comptable à renoncer à sa photo car l'éléphant montre ses oreilles comme le chien ses crocs, le commercial son sourire. Au lieu de quoi, fidèle à sa minutie professionnelle, il avait longuement affiné la mise au point et appuyé sur le déclencheur quelques secondes avant d'être écrasé par l'animal.

Le mieux est l'ennemi du bien, aurait machinalement murmuré sa veuve devant le corps aplati.

De retour à Carcassonne, la veuve avait rangé la photo de l'éléphant homicide dans une vieille boîte de palets bretons. C'était le dernier être à avoir vu son mari vivant et, même aveuglé par la colère, le premier à le voir mort. La photo jaunit en compagnie de lettres aux écritures obliques posées sur un papier parfumé à la lavande, des cartes postales dont les phrases amicalement convenues ondulaient sous l'effet d'un vent marin ou d'une brise campagnarde, des photos de familles aux regards fixes de psychopathes. L'éléphant reposa là de nombreuses années, jusqu'à ce jour de canicule où des essaims de mouches franchirent massivement les remparts de la cité carcassonnaise qu'elles envahirent, pénétrant dans chaque maison et chaque appartement. Excitées par la chaleur, bourdonnant en rafales rageuses, ces mouches rappelèrent à la veuve l'Afrique et cette difficile période d'adaptation entre deux dépaysements, l'un tendrement intériorisé et donnant parfois de délicieux petits coups de pied, l'autre qui prit bien des formes, des sons et des odeurs, tous deux dessinant de nouvelles configurations à ses rêveries. Assise près de la fenêtre pour capter un filet d'air, elle se laissa traverser d'images de cette époque inaugurée par la naissance de Louis et clôturée par la mort du comptable. Elle flotta ainsi de longues minutes dans un temps suspendu, regardant sans vraiment le voir le papier tue-mouches qui vira d'un jaune lisse à un noir grumeleux. Tirée de sa rêverie par une grosse mouche qui la percuta entre les yeux, elle se leva, ouvrit un placard où elle remua des tubes de cirage, un lot d'éponges à dos vert, un paquet de bougies, une rallonge électrique, une cocotte-minute hors d'usage, avant de trouver la boîte dont le couvercle émaillé présentait des palets sur fond de côtes rocheuses. D'une main lasse, elle en sortit le cliché où les larges oreilles du responsable de son veuvage n'avaient pas pris une ride. Elle tira les rideaux tenus fermés pour contenir la chaleur et les mouches. À la lumière du plein midi, tout en chassant les insectes d'un geste presque amical à force de lenteur, elle contempla pensivement l'éléphant rendu à la lumière après des années de mise au placard. Elle n'éprouva aucun ressentiment pour l'animal, simple instrument du destin. D'un œil objectif, exempt de cette rancœur qui déforme la réalité, elle apprécia la beauté du pachyderme mais aussi le cadrage parfait, la mise au point irréprochable, songeant avec tendresse que le comptable avait fait preuve de méticulosité et de sang-froid jusqu'au bout. L'éléphant l'avait écrasé mais pas ébranlé. Avec un léger pincement au cœur, un léger sourire aux lèvres, elle songea à la cour vieillotte autant qu'organisée qu'il lui avait faite. Elle se rappela cette feuille de carnet, trouvée par hasard, qu'il avait divisée en deux parties intitulées « pour » et « contre ». Le prétendant avait listé les qualités et les défauts de la jeune femme en laquelle il envisageait d'investir son avenir. Le « pour » l'emportait largement. C'était tout à la fois naïf et touchant, imbécile et insupportable. Cette liste en disait davantage sur son auteur que sur celle ainsi décomposée en une vingtaine de qualités et défauts.

Deux mouches se posèrent sur une oreille éléphantine si finement photographiée que la veuve crut la voir bouger pour chasser les insectes. Venus de la pièce voisine, des sons aigus annoncèrent l'approche d'un vaisseau intergalactique. Elle jugea qu'à sept ans Louis pouvait affronter le regard noir de celui qui d'une seule enjambée avait créé une veuve et un orphelin. Ayant mis son appareil en pilotage automatique sur instructions du vaisseau mère, le petit garçon se téléporta jusqu'au séjour et jeta un bref regard sur l'animal. Il précisa qu'il s'agissait d'un éléphant d'Afrique et pas d'Asie parce qu'il avait de grandes oreilles, puis retourna anéantir les aliens. La veuve n'eut pas le temps de lui expliquer le lien entre cette photo et celle dont le verre s'empoussiérait sur un guéridon. Le comptable y était représenté au moment où il posait le pied droit sur la terre africaine, le gauche reposant sur l'acier cranté de la passerelle du Boeing. Cette image résultait d'une mise en scène réalisée après que tous les passagers, le comptable et sa femme inclus, eurent quitté l'avion. Le premier pas, le pas véridique, noyé dans ceux d'une cinquantaine d'autres voyageurs, ne passa pas donc à la postérité mais y fut magnifiquement représenté par ce double symbolique, qu'immortalisa une sympathique hôtesse de l'air. Ce fut un petit pas pour le comptable mais un grand pas pour la bananeraie, qui revint à l'équilibre budgétaire grâce à la rigueur de celui destiné à périr sous un pied pachydermique. C'est ainsi que les statistiques se retournèrent contre l'un de leurs adorateurs, à la façon d'un christ écrasant un prêtre après s'être décroché d'un crucifix vermoulu.

La veuve aimait cette photo de leur arrivée en cette Afrique où le petit Louis prit jour l'année suivante comme pour prendre la relève de son père, retourné au néant. Le visage du comptable, un homme doux et assez sombre, y rayonnait sans qu'on puisse déterminer s'il s'agissait du sourire associé au début d'une nouvelle vie ou d'une déformation de ses traits due à l'aveuglante lumière africaine, voire d'une grimace d'irritation pour cette mise en scène voulue par sa femme et qui permettait aux autres voyageurs de prendre de l'avance dans la récupération des bagages puis dans l'accaparement des taxis. Le comptable, grâce à sa lecture propédeutique de guides, connaissait la rareté des taxis et craignait que les compteurs, s'il y en avait, obéissent à des lois relevant de la fluctuance quantique plutôt que de la belle prévisibilité newtonienne. Peut-être, dans ces moments où il cédait aux coups de tête de sa femme, se consolait-il en songeant qu'il avait perçu ce sentimentalisme excessif (inscrit dans la colonne « contre » de son bilan prénuptial) et qu'il ne subissait pas là un préjudiciable manque de clairvoyance mais la simple imperfection de l'être humain. Oui, sans doute seraient-ils obligés d'attendre le retour d'un taxi, et le comptable soupçonnait le temps africain d'avoir une fâcheuse tendance à se dilater sous l'effet d'une trop forte chaleur. Le sourire gardait donc son mystère et la veuve appréciait cette incertitude qui lui permettait de voir plusieurs hommes là où il n'y avait qu'un seul comptable. Peut-être aurait-elle préféré un mari un peu plus enjoué, mais elle comprenait que la pression des chiffres puisse modifier l'étoffe d'un homme, l'amidonner et contraindre ses gestes les plus intimes et même les plus amoureux, allant jusqu'à les soumettre à un strict planning hebdomadaire. L'arithmétique ne cédait du terrain que les veilles de week-end et les samedis soir, quoique pouvant subir des défaites en pleine semaine, car la jeune femme s'y entendait assez bien pour réorienter son mari vers des territoires où l'impératif comptable s'effaçait devant le devoir conjugal. Toutefois, du point de vue statistique, Louis était un enfant du week-end.

Ce n'est que deux ans après avoir pulvérisé le dernier vaisseau alien posé sur le carrelage de sa chambre, puis être passé maître dans l'art de dissoudre les armées vénusiennes, que Louis se trouva confronté aux interrogatoires serrés des cours de récréation. Il commença alors à s'intéresser à ce père qu'il n'avait connu qu'en suspens entre un Boeing et le sol africain. La veuve put enfin commenter la photo de l'éléphant, les raisons de leur départ de France et la malchance qui les avait poursuivis. Il y eut d'abord la faillite de l'entreprise de pneus où le comptable pensait terminer sa carrière en tant que chef comptable avant qu'un incendie ne réduise Pneus Sud-Ouest à un panache noir qui avait empuanti la région des jours durant. De cette catastrophe en avait découlé une autre, bien plus dramatique, sous forme de ce malencontreux tête-à-tête entre son père et le plus gros mammifère, terrestre précisa-t-elle. Arrivée à ce point du récit la veuve ne manqua pas d'indiquer à Louis, pour son instruction et en hommage posthume au comptable qui attachait une grande importance à la précision, que la baleine aussi est un mammifère.

Ses espoirs de carrière au sein de Pneus Sud-Ouest étant partis en fumée, le comptable avait longuement soupesé les avantages et les inconvénients d'une inattendue proposition d'emploi dans la plus grande bananeraie de Côte-d'Ivoire. Attiré par cette opportunité mais hésitant devant l'exil en terre inconnue, il avait consacré une page de son carnet aux « pour » et une autre aux « contre ». Il examina la banane d'un œil inquisiteur et découvrit un fruit aussi méconnu que familier sous sa forme la plus répandue, la Cavendish. Indubitablement, la Cavendish était le fruit de la mondialisation heureuse. L'universalité des chiffres et l'expression *s'ouvrir à l'international* le convainquirent d'aller *travailler dans la banane*. Sa femme ne s'y opposa pas, elle fut même heureusement surprise de découvrir chez son mari cette petite pente aventureuse. Sa décision prise, le comptable ne mangea plus de bananes qu'avec le plus grand respect, conscient des chiffres considérables que résumait, à la façon d'une virgule qui donne forme et sens à la phrase, sa silhouette de lune tigrée.

Cette perfection de la ligne, invisible au commun des mortels, devint pour lui un puissant symbole érotico-arithmétique. Le comptable croyait aux chiffres, pas au destin (il n'avait pas tort : qui aurait pu croire au sien et à celui de son fils posthume ?), et il se mit à croire en la banane comme il avait cru au pneumatique. Non pas avec ferveur, ce n'était pas dans son tempérament, mais avec sérieux, de façon informée, contextualisée et validée par les statistiques. Il aurait appris avec ravissement que la banane et l'être humain partagent quarante pour cent de leurs gènes ! Dès lors il n'aurait plus mangé de bananes mais se serait incorporé cette cousine éloignée comme on communie, faisant chair de sa chair avec la légère excitation de frôler un acte de cannibalisme tant les soixante pour cent restants lui auraient semblé résider en peu de chose : la capacité de jouer au baby-foot ou d'essuyer la vaisselle, d'écraser un moustique ou de changer les piles d'une calculette.

Il l'épluchait avec lenteur et respect, s'émerveillant de sa douce cambrure, procédant du bout des doigts à la mise à nu de cette chair ferme puis fondante dont le dévoilement progressif fait de la banane l'incontestée pin-up des fruits. Installé avec sa femme et quelques voisins sous la véranda de leur petite maison, au creux de nuits africaines trouées par le cri de petits animaux trucidés par de plus gros ou de plus féroces, il aimait disserter sur l'importance de la banane pour l'économie du pays comme pour la presque totalité de l'humanité qui pour une somme modique peut absorber à tout moment de la journée des calories hautement digestives sans se salir les mains, sans jus qui dégouline ni épluchage compliqué. Ah ! soupirait-il dans ces moments de relâchement, après deux ou trois verres de liqueur de banane, si tout pouvait être à l'image de la Cavendish, facile à produire, à transporter, à se procurer, à éplucher, à consommer, à digérer ! Si tout pouvait s'aimer aussi facilement ! ajoutait-il parfois sans remarquer le léger froncement de sourcil conjugal qui s'ensuivait. Il se demandait alors comment il avait pu adorer le pneumatique, indissociable de la fureur des moteurs et des guerres car même hors d'usage il sert à border les circuits automobiles et les check-points gardés par des hommes en treillis camouflés.

Le don de conteuse de sa mère fit infuser Louis dans cette ode à la banane, associée au bien de l'humanité. Chaque soir, elle le faisait voyager sur une mer de mots, enveloppé par la moustiquaire blanche comme par la voile d'un grand mât. Ces évocations d'une terre lointaine ne furent sans doute pas étrangères au fabuleux destin de Louis que certains, après sa mort, n'hésitèrent pas à surnommer Saint-Louis, le représentant assis sous un bananier, vieux sage au regard fatigué. Aujourd'hui encore ses biographes se disputent sur l'importance qu'il convient d'accorder à l'influence maternelle dans l'extraordinaire destin qui fut le sien et auquel, comme son père, il n'aurait jamais pu croire.

Malgré cette photo et les tendres inflexions de la voie maternelle lorsqu'elle retraçait pour lui la saga du comptable, le petit Louis douta longtemps qu'un père l'ait précédé dans l'existence pour une moitié. Il n'avait connu que la moitié maternelle, laquelle l'avait tendrement accompagné avant de s'effacer dans des circonstances plus ordinaires qu'une mort par éléphant mais non moins dramatiques. Il mit du temps à comprendre le sens profond du proverbe qu'aimait dire sa mère tout en caressant son front tandis qu'il sombrait dans un sommeil peuplé de baobabs et d'oiseaux multicolores : il faut tout un village pour élever un enfant (l'Afrique est riche en villages, en enfants et en proverbes).

Les maladies infantiles et autres étapes obligées apportèrent leur lot de complications à sa mère restée seule, non pas veuve inconsolable mais femme trop occupée pour ajouter un homme dans le cercle de son amour où Petit Louis gravitait seul, petite planète suffisant à peupler le ciel maternel. L'enfant s'avéra doté d'un solide esprit pratique, comme elle l'avait pressenti en le voyant préférer l'extermination des aliens à la lecture des Jules Verne offerts pour son douzième anniversaire. Elle craignait qu'à trop chasser l'alien, Petit Louis ne s'aliène l'esprit. Elle se sentait soutenue post mortem par le comptable dans sa désapprobation mais méditait souvent sur la *résistance au changement*, notion découverte dans un article de Laure Morrisset paru dans le supplément week-end de *La Dépêche de l'Aude*. Mère aimante, elle ne voulait ni résister ni changer. Elle voulait juste le meilleur pour son fils et qu'il continue à l'aimer. Elle craignait que cette *résistance au changement* ne l'empêche de garder le contact avec Petit Louis qui filait droit vers les maelströms savonneux de l'adolescence. Déterminée à rester ouverte et compréhensive, ferme mais politique, elle se convainquit que l'addiction aux exterminations de créatures imaginaires était la forme moderne et masculine de la marelle qu'elle-même avait en son temps assidûment pratiquée. Mais le titre d'un autre article de *La Dépêche de l'Aude*, « Un ado peut-il ne pas haïr ses parents ? », la traumatisa. Elle voyait Petit Louis s'engloutir à tout jamais dans un vortex hormonal qui en recracherait une copie informe. Son petit garçon serait chassé de son propre corps par un étranger haineux, un *ado* dont l'ambition pilaire naissante annihilerait ce duvet qu'elle aimait tant caresser, cette peau d'abricot qu'elle se retenait de mordre tant elle était appétissante. Ce doux gazon serait inéluctablement remplacé par un rêche lichen où perceraient des boutons d'autant plus répugnants qu'ils seraient crevés en cachette. Et ce ne serait pas la plus grave des choses qu'il cacherait désormais à sa mère, lui qui dans sa vie antérieure, de sa petite voix flûtée (bientôt croassante), lui chuchotait que ses secrets ne devenaient de vrais secrets qu'une fois qu'il les lui avait confiés ! C'était touchant et très pratique. Oui, le papillon allait disparaître, remplacé par une chenille mal poilue, dégingandée et qui s'agglutinerait à d'autres chenilles de la même espèce. Elle pensait que prévoir le pire lui permettrait d'amortir le choc, peut-être même d'apprécier un post-Petit Louis qui se révélerait certes désagréable et irritable, mais pas en permanence. Elle irait jusqu'à se satisfaire qu'il ne dise plus qu'il l'aime, s'il ne criait pas qu'il la déteste.

Le petit Louis exterminait des colonies d'aliens mais n'aurait pas fait de mal à une mouche. Il aimait les bêtes, passant de longues heures à observer les minuscules épopées qui font frémir les brins d'herbe, vibrer palpes et antennes soupçonneuses. Observateur respectueux des choses de la vie, neutre et attentif, il laissait l'insecte s'agiter dans la salle d'attente de l'épeire, la guêpe flotter dans l'eau qu'elle ne pique pas (pas folle, la guêpe ne donne pas des coups d'épée dans l'eau). Il comprenait la cruauté sans méchanceté de l'araignée qui ne fait qu'appliquer les consignes (on ne traverse pas sa toile sans mot de passe) et s'abstenait de juger la cleptomanie de la pie, la raptomanie du hibou, l'art du crochet de la vipère acariâtre qu'il savait distinguer de la couleuvre bonasse. Il connaissait la faune mais aussi la flore, sachant nommer le lys martagon et l'asphodèle rameux. Les jours de pluie, le petit Louis ne se laissait pas racoler par le déstockage massif des grosses limaces dont l'orangé ponctuait alors la tonalité brunâtre de la campagne audoise. Il préférait l'élégance discrète de l'escargot petit-gris, sa coquille sobre, sa belle robe gris perle. Chaussant ses bottes, il partait pour un safari pacifique sur les traces du gastéropode qu'il se plaisait à imaginer en détective collant au terrain, ses deux périscopes déployés, lancé dans une enquête où il progressait avec la plus grande circonspection, unijambiste lambinant mais au sillage pétillant.

Il observait les arbres, les fleurs, les graines portées par le gadalou, brise fatiguée qui traîne dans les bosquets. Il regardait beaucoup pour tout voir quand les adultes, pensait-il, parlent beaucoup pour ne rien dire. Il aimait tout particulièrement les mares et les étangs, comme il aimera plus tard le port de Toulon. Il écoutait le chant des crapauds, admirait le vol des libellules (fétus montés en biplan), suivait le pont aérien des abeilles entre ruches et tournesols. Il caressait les nénuphars, regrettant de ne pouvoir marcher sur ce parquet flottant d'où bondissait la grenouille verte et lisse née du têtard noir et gluant. Emplissant ses poumons d'un air aux senteurs de résine, il se sentait déborder de vie et d'amour pour la nature sans se douter que le Louis à venir viendrait dissoudre cette sensibilité dans de gros grooves et que les longues jambes de Chantal Garage l'emporteraient sur celles du héron cendré. Plus tard, exilé, devenu citadin d'une grande ville, il regarderait avec un pincement au cœur la maigre végétation urbaine et les pigeons, tristes produits low cost du monde animal.

Tendrement aimé par sa mère, il s'imagina en enfant battu pour pimenter la bulle d'amour où il vivait et ouvrit un journal intime intitulé cahier des coups et blessures, qui par bonheur échappa à la vigilance de sa mère. Elle en aurait été traumatisée, les articles de Laure Morrisset ne l'ayant pas préparée à affronter l'imaginaire sadien de son enfant. Page après page, Petit Louis déploya un univers de violences fictives où le comptable ressuscita sous la figure d'un tyran familial. Il écrivit avoir été giflé dès que sa hauteur avait permis à son père d'atteindre ses joues sans avoir à se baisser. Dès cinq ans, il était confortable à gifler. À huit ans, il atteignit la bonne taille pour l'allonge maternelle. Ainsi reçut-il toujours des gifles à taille humaine. Son père avait la main lourde tandis que sa mère maîtrisait la technique des gifles aller et retour ; les rugissements paternels faisaient résonner son crâne, les cris maternels le transperçaient, aurait découvert le lecteur horrifié par ces atroces confessions. Tout en marchant dans les pinèdes parfumées, ses joues encore tièdes d'une embrassade maternelle, sa poche lestée d'une barre de chocolat, il s'imaginait en enfant martyr servant d'entrepôt aux gifles familiales.

Louis entra dans l'adolescence comme en un corridor sinueux où il se cognait partout, devenant sombre et fuyant. Peut-être s'agissait-il là d'une remontée de l'hérédité paternelle, pensa sa mère en observant la disparition de cette joie de vivre qui caractérisait Petit Louis avant d'opter pour une montée d'hormones comme le confirma l'intérêt croissant de Louis pour Chantal Garage. Quelques mois avant Louis, Chantal avait elle-même été happée par ce même corridor, cette distorsion de l'espace-temps en plein Carcassonne d'où elle ressortit nerveuse et sautillante, yeux charbonneux et lèvres gonflées. Effarée, la veuve assista à la métamorphose de Louis en un alien couvert de chaînes et de bagues, déstructuré par des pantalons à pattes d'éléphant et des chemises tellement grandes qu'elles semblaient conçues pour un usage collectif. Il avait selon toute apparence adopté un verlan vestimentaire généralisé. Elle porta le deuil pour la deuxième fois car Petit Louis était mort et bien mort, enseveli dans cette silhouette informe. Elle avait affaire à une série de gigognes : Petit Louis s'était dissous en Louis, lui-même absorbé par celui qui se désigna comme Fuck Dog Louis en tapant du poing sur sa poitrine, là où les chaînes dorées laissaient encore un peu d'espace. La tranquille maisonnette carcassonnaise fut régulièrement survolée par le vaisseau ayant capturé puis renvoyé son enfant sur Terre sous la forme de cet avatar anguleux, accro aux décibels. Les moteurs de l'ovni dégorgeaient des torrents de musique qui ébranlaient murs et plafonds, surtout les soirs où Chantal venait voir Louis. Chantal avait été reconditionnée en une autre sorte d'alien, plus ondoyant et encore plus voyant. La veuve tentait d'imaginer ce qu'aurait pensé le comptable de ces créatures de corridor, lui qui disait toujours l'essentiel en peu de mots (hormis ses digressions lyriques sur le pneumatique puis sur la banane), s'efforçant d'introduire l'efficacité des chiffres dans l'ordre du verbal comme dans celui de l'écrit. Elle se souvenait de ses cartes postales dont la partie rédigée n'excédait jamais celle contenant l'adresse des destinataires. Sans doute aurait-il grommelé quelque chose au sujet de statistiques indiquant que trente pour cent des jeunes seront sourds à trente ans.

Plantée devant la porte de la chambre de Louis quand Chantal s'y trouvait aussi, la veuve tendait l'oreille pour percevoir des sonorités plus haletantes que celles des batteries malmenées. Le parfum dont s'aspergeait Chantal brûlait sa gorge, les gros grooves faisaient vibrer son squelette, les éructations funky stupéfiaient son esprit, mais elle tenait bon, un balai à la main pour justifier le cas échéant sa présence. Elle n'avait pas échappé aux dangers africains pour se retrouver surprise par un bébé alien surgi non pas d'une faille spatio-temporelle mais d'une fissure de sa maternelle attention. Elle observa avec inquiétude des transferts de gloss des lèvres de Chantal sur celles de Louis mais se rassura en trouvant la preuve que Louis veillait à neutraliser un autre type de transfert, autrement plus dangereux, par l'usage de barrières antialiennes aux normes françaises. Pragmatique, elle approvisionna le tiroir du bas de la commode de Louis d'une réserve de ces pièges à malheur. Après avoir renoncé à demander son avis à Laure Morrisset, elle en acheta colorés et aux saveurs fruitées pour affirmer son ouverture d'esprit. Elle évita toutefois ceux à la banane, saveur du plus mauvais goût, si l'on peut dire, ce fruit évoquant trop l'appendice par où transitent les germes d'aliens. Par ailleurs, elle ne voulait pas souiller la mémoire du comptable par cet usage inapproprié. Et tant qu'à faire, elle veilla aussi à laisser en vue un article de Laure Morrisset destiné aux jeunes filles imprudentes, au cas où des intrus particulièrement virulents franchiraient l'obstacle, comme certains requins s'affranchissent de la barrière anti-eux pourtant installée dans les règles de l'art autour des plages australiennes. Louis ne fit aucun commentaire sur cette initiative mais Chantal ne manquait pas de mettre la main aux fesses de l'ex-Petit Louis lorsque tous deux passaient devant la veuve.

Fidèle à son pragmatisme et aux conseils de Laure Morrisset, celle-ci gérait la situation en s'efforçant d'en voir les bons côtés. Louis s'essayant à écrire des chansons, elle vit là un moyen de le rapprocher des Jules Verne qui s'empoussiéraient à vingt mille lieues sous la poussière entre deux étagères envahies de monstres intergalactiques et de disques bourrés de groove. Ainsi encouragea-t-elle son fils, qui, sans surprise, écrivit des textes dédiés à Chantal. Elle dut toutefois renoncer très vite à la portée éducative de cette pratique fondée sur les décibels et les éructations. Elle échoua à convaincre Louis qu'un texte sans ponctuation, c'est comme une chair sans squelette. Fuck Dog Louis n'en démordait pas, le funk ça s'écoute, ça se lit pas. La ponctuation, c'est le rythme qui la fait, rétorquait-il en joignant la scansion à l'explication.

La veuve tenta de lui fourguer en douce la notion d'alexandrin, mais Fuck Dog Louis lui dit qu'elle confondait le putain de Yacine avec le putain de Brown. Racine, rectifia humblement la veuve avant de lui demander pourquoi il parlait avec l'accent de l'Aude et chantait avec l'accent des ghettos nord-américains. Fuck Dog Louis grommela quelque chose d'inintelligible, et la veuve, d'un optimisme phoenixien, vit dans cette dualité linguistique le signe du dédoublement de l'artiste, signe d'élection et que tout n'était pas perdu. Le comptable aurait sûrement établi deux colonnes, l'une listant les persistances de Petit Louis (avant), l'autre les caractéristiques de Louis et de Fuck Dog Louis (après). Toujours pragmatique, ne pouvant matériellement séparer Fuck Dog Louis de ses prédécesseurs, elle considéra celui-ci comme le représentant officiel des Louis passés et à venir et l'écouta scander sa première production, sobrement intitulée : Chantal Garage.

Chantal Garage
était une enfant sage
elle avait pas la rage
et préférait tourner les pages
des livres qu'elle lisait
pleins de mots et sans image
sa mère lui disait

c'est pas de ton âge
t'y comprends rien
Chantal répondait ça fait rien
si je confonds l'Iliade et l'Odyssée
avec Tintin et l'oreille cassée
tout ça c'est du passé
tout ça c'est dépassé

(gros groove)

La veuve ne put s'empêcher de compter les pieds de chaque vers (elle n'avait pas trouvé un autre terme) mais s'abstint de faire remarquer à Fuck Dog Louis ce que Louis savait déjà. Et puis c'est ça la licence poétique, soupira-t-elle entre les deux couplets du fond de son instinct maternel.

Fuck Dog Louis brûle des voitures
comme il brûle sa vie
la pluie sur les toitures
c'est pas ça qui le ravit
il préfère quand Chantal Garage
traîne dans les parages
ça l'excite grave
et il en bave
quand elle fait la fière
en bougeant son derrière

(gros groove)

Fuck Dog Louis
est né en Afrique
il a toujours la trique
il vit dans un boui-boui
au fond de Carcassonne
un trou où y a jamais personne
à part Chantal Garage
qu'était une enfant sage
avant de rencontrer Fuck Dog Louis

(gros groove)

– Alors, demanda Fuck Dog Louis, ça groove grave, non ?

– Merci pour le boui-boui, ne put s'empêcher de répondre la veuve tout en sachant que c'était la chose à ne pas dire mais assumant ce que Fuck Dog Louis verrait inévitablement comme de l'étroitesse d'esprit. Malgré sa résolution elle s'était adressée au seul Louis, second volet du triptyque. Mais elle se reprit et renonça à le questionner sur cette histoire de voitures brûlées.

Puis vint le jour où, comme dans la Guerre des mondes, les aliens furent anéantis par un virus dont l'incubation avait duré plus de trois ans. La fissure spatio-temporelle se referma en aspirant Fuck

Dog Louis et son gros groove. Chantal Garage persista quelque temps sous la forme de molécules tenaces de parfum. Un nouvel avatar apparut qui réactiva son prénom officiel, Louis, et prit ses distances avec son prédécesseur immédiat. La maisonnette commença à se remettre des fréquences qui avaient secoué ses fondations. Elle résonna de musiques aux rythmes plus cool. Chaînes et bagues disparurent, le vestiaire se fit plus discret. Les hirondelles revinrent occuper leurs nids sans craindre que le gros groove transforme leurs couvées en omelettes. Vint aussi le jour où le conseil de classe de Louis n'apprécia pas la licence poétique généralisée qu'il se permettait, legs posthume de l'usurpateur Fuck Dog Louis. Il fut donc invité à choisir une orientation propre à canaliser cette énergie sans emploi dans le cadre scolaire. Incité par la veuve à choisir la filière agricole en mémoire de son père, Louis, par esprit de contradiction, choisit ce qu'il considérait être le plus opposé aux fruits et légumes.

Les métiers de la viande sont exigeants. Ils allient la tradition à la modernité, à ses exigences de diététique, d'hygiène et de créativité, ce dernier point valant tout particulièrement pour la charcuterie. La veuve se convainquit qu'avoir les mains dans le sang valait toujours mieux qu'avoir la tête dans les disques, même dansants. Elle prit plaisir à écouter son fils commenter la texture de la viande, saluer sa qualité en claquant des lèvres, froncer le sourcil en observant la courbure d'un boudin comme le comptable admirait celle de la banane, insister pour affûter les couteaux de la maison, lui qui par ailleurs ne levait jamais le petit doigt pour participer aux tâches ménagères. Contre toute attente, les choses semblaient bien se passer malgré quelques résurgences de Dog Fuck Louis qui de temps à autre se manifestait pour traiter le boucher local de putain de blaireau ou affirmer que la prof de français était bonne de chez bonne. Ces quelques cas de possession furent peu à peu exorcisés, et Louis obtint son CAP avec les félicitations du jury. Il se lâcha encore à quelques reprises lors de ses stages chez les charcutiers du département, chantant dans-le-co-chon-tout-est-bon, chez-la-cochonne-c'est-encore-meilleur, préférant d'instinct et comme Verlaine l'impair. Après plusieurs avertissements il se contenta de s'encourager en scandant à mi-voix de consensuels tiens-mon-cochon ! tout en débitant la bête selon les règles de l'art. Louis apprit le métier, ses ficelles, apprivoisa ses outils. Il sut transformer son plan de travail en autel du travail bien fait. En fin de journée il nettoyait soigneusement les auréoles du marbre blanc et gris, rangeait avec amour ses couteaux à lame en acier de Tolède et manche en frêne hongrois au service de la tradition française.

Durant son apprentissage, préposé aux tâches généralistes et ingrates, Louis dut découper porcs et agneaux, vaches et veaux congelés. Il s'attaquait aux carcasses avec l'allant d'un bûcheron et l'enthousiasme du débutant. Sa hachette faisait jaillir des copeaux de chair glacée, des échardes de viande gelée criblaient ses mains, ses poignets et leur dégel en sa propre chair mêlaient à sa substance intime celle du porc et de l'agneau, de la vache et du veau. Les éclats de ce qui fut de grands corps fondaient puis saignaient en Louis, lui devenant consubstantiels comme il en va dans les métiers de tradition ; ainsi la farine épaissit-elle les poumons des boulangers, la poussière de bois les bronches des menuisiers.

Ivaluardjuk loue ses services à des touristes, à des membres d'ONG venus mesurer la fonte des glaces, estimer les populations d'ours blancs. Il a lié son sort à sa connaissance du froid et de la neige, sachant chasser et pêcher, éviter les crevasses. Ses amis d'enfance ont délaissé la vie traditionnelle des Inuits, et la probité polaire a déserté leurs esprits livrés à des mirages d'importation. Ils ne coïncident plus avec leur héritage et ne sont pas les enfants du froid mais ses orphelins.

Revenu à lui, encore un peu patraque, Louis regarde son guide démonter sa carabine puis en nettoyer chaque pièce avec des gestes lents et précis, comme lui-même nettoyait jadis ses appareils à trancher, mixer, hacher la viande. Il se rappelle vaguement l'intense sentiment de vie, cette subite exaltation de tout son être qui l'avait poussé à partir en motoneige puis à s'enfoncer dans l'immensité polaire. La chaleur revient peu à peu dans ses membres mais un poids immense persiste au creux de sa poitrine. Il a la sensation de se tenir au bord d'un grand vide, un vide au seuil duquel Lise sourit aux clients tout en emballant du jambon dans un papier orné de têtes à groins hilares. Louis se souvient très bien de ce papier qu'ils avaient choisi avec autant de soin que celui apporté à l'achat du papier peint de leur chambre à coucher. Lise est morte, leur boutique est devenue un point de vente de cigarettes électroniques. Pour chasser ces pensées, il se concentre sur les petites mains de son guide aux prises avec une pièce métallique qu'il cherche à identifier. Ivaluardjuk termine son travail d'entretien. Il laisse perler quelques gouttes de lubrifiant dans la culasse, la manœuvre pour vérifier son bon fonctionnement, et range la carabine dans une housse de peau. Il se saisit ensuite d'un étui d'où il sort un coutelas qu'il entreprend d'aiguiser. Ce bruit familier de l'acier sur la pierre replonge Louis dans la boutique de la rue Lavoisier, ce temple où Lise et lui avaient célébré le cochon sous toutes ses formes. L'odeur du sang y avait rapidement supplanté celle de la peinture fraîche, se concentrant dans la chambre de découpe où ils faisaient parfois l'amour, la première fois pour fêter l'achat d'une superbe trancheuse à jambon, une Clinencourt électrique, trois vitesses et tout alu, puis pour l'excitation entretenue par la possible arrivée d'un client. Au-delà de sa valeur d'usage, la Clinencourt acquit ainsi une charge érotique qui en faisait une pièce unique, une sorte de totem. Longtemps, Louis l'utilisa comme pour la première fois, s'émerveillant de son ronronnement électrique et de la finesse sans bavures des tranches de jambon qui s'effeuillaient en souplesse dans le bac de réception. Le passé reste en lui sous forme de souvenirs, d'images et de gestes techniques prêts à être réactivés. Non seulement cet intemporel va-et-vient de la pierre à aiguiser sur la lame que poursuit Ivaluardjuk, assis sur un tabouret tendu de peau de phoque, mais aussi le remplissage des pots de rillettes, le bourrage des boyaux, l'introduction de baies de genièvre dans le fromage de tête, les éclats de noisettes délicatement semés sur la terrine. Ce sont là les gestes de sa vie et donc sa vie elle-même, fossilisée dans une panoplie de séquences personnalisées au fil des ans, transcendant la technique pour devenir l'expression de sa personnalité. Oui, il a aimé le cochon à la chair rose et fondante comme l'Inuit a aimé le phoque d'où il tirait vêtements, coques de kayaks, graisse pour éclairer l'igloo et imperméabiliser le cuir, le phoque dont la chair onctueuse comme un ice-cream le réjouissait. Ainsi le chant de gorge des femmes inuit est-il l'expression de l'amour d'un peuple envers son bienfaiteur, amour trop viscéral pour être clairement articulé.

La tempête semble s'enfler encore, rageuse d'avoir laissé s'échapper cette proie de choix venue de contrées où des palmiers se découpent sur des ciels amicaux. Le blizzard ébranle le gîte mais le poêle ronfle comme un cœur qui ne cédera pas. Le coutelas ayant retrouvé un fil parfait, Ivaluardjuk entreprend de démonter un carburateur de motoneige. Il pose chaque pièce sur un journal aux pages étalées sur la seule table de la pièce. Il sourit à Louis en prononçant quelques mots incompréhensibles tout en désignant l'étui de la carabine, le coutelas dans son étui et le carburateur, des mots dont Louis comprend qu'ils relient entre eux ces objets essentiels à la survie. Il ne s'agit pas pour Ivaluardjuk de tuer le temps mais d'éviter de l'être parce qu'une pièce a lâché, un mécanisme s'est enrayé. Louis s'enfonce dans son duvet, goûtant le simple fait de vivre. Il comprend qu'il a vraiment frôlé l'anéantissement. Un quart d'heure de plus et le guide n'aurait trouvé qu'un cadavre raidi. Son client serait mort debout comme les eaux d'une cascade gelée. Louis voudrait remercier Ivaluardjuk en inuit mais doit se contenter d'un thank you to save my life qui concentre un bon tiers de ses connaissances en anglais. Ivaluardjuk souffle dans un gicleur puis agite sa main en l'air en riant. « It's okay, it's okay ! » répond-il en toute simplicité.

Les yeux mi-clos, Louis songe à cette fameuse dernière séance réputée clore tout destin juste avant que l'écran s'éteigne à tout jamais. Il aurait dû voir en accéléré le résumé de sa vie mais sans doute le froid avait-il gelé jusqu'à sa mémoire et donc aussi ces images récapitulatives, restées prises dans les glaces du passé. Ce n'est qu'à présent que son cerveau les libère une à une. Certaines d'entre elles sont d'une fraîcheur troublante ; ainsi celle de sa mère vue de dos en robe d'été, encadrée par deux créneaux des remparts de la cité carcassonnaise, sa blondeur relevée en un chignon que l'x des rayons détruira quelques années plus tard, faisant fondre comme glace au soleil cette masse lumineuse. Il revit ensuite Lise. Ni blonde ni dotée d'une nuque émouvante, Lise fut d'abord la fille de son patron toulonnais avant de devenir son épouse bien-aimée et l'âme de la boutique de la rue Lavoisier. Il l'avait embrassée pour la première fois sous un ciel fleuri et pétaradant de 14 Juillet, début d'un flirt vintage conclu sur un matelas en mousse confort ferme de 190 × 140 cm bientôt remplacé par un 200 × 240 cm à ressorts ensachés, gage d'une cohabitation durable. D'un bleu glacier, le regard de l'apprenti charcutier qu'était encore Louis semblait fondre lorsqu'il croisait la noirceur chocolatée de celui de Lise. La jeune femme avait été frappée par ce regard dont les reflets armuriers contrastaient avec la patience de Louis lorsqu'il promenait Fédor, l'épagneul épileptique de son patron, animal débonnaire mais qui faisait la toupie lorsque ses neurones devenaient comme chiens et chats. Les crises d'épilepsie de la bête patronale lui ôtaient l'odorat, la faisant renifler en boucle à la recherche de ses propres traces dans un univers désodorisé. Lise finit par épouser Louis, s'encastrant durablement dans ce regard icebergien que les années déteignirent en bleuâtre dans un contexte général de fonte des glaces.

Tous deux firent honneur à la profession charcutière et aux porcs fermiers, volailles labellisées, viandes agréées, abats de bonne famille qui passaient entre les mains de Louis tandis que celles de Lise rendaient la monnaie avec grâce, faisant tinter la caisse comme en écho d'un sourire qu'elle ne mesurait pas selon la constance ou le pouvoir d'achat du client mais adressait équitablement à tous, comme Mona Lisa. Elle savait tendre au client quelques brins de persil comme on offre des fleurs, emballer du fromage de tête avec le soin qu'on apporte à un cadeau d'anniversaire.

Dans les premiers temps de leur union, après une vigoureuse période de rodage des ressorts ensachés, la charcutière et le charcutier s'aimèrent souvent à même le sol, dans la boutique de la rue Lavoisier. Pour ceux qui le pratiquent à titre professionnel, pour les praticiens qui mettent les mains dans la pâte organique, le sang devient rapidement incolore et inodore. Mais pour certains élus tels que Lise et Louis son odeur peut s'avérer un aphrodisiaque sans pareil, l'âcreté de l'oxyde de fer enflammer des natures par ailleurs placides. Ils préféraient son parfum et sa couleur à ceux des fleurs tout comme ils préféraient l'éclairage au néon de la chambre de découpe aux jeux de lumière dans les clairières. Jamais ils ne s'allongèrent dans un champ de blé ou se roulèrent parmi les herbes folles ; le carrelage blanc, au parfum subtilement chloré, offrit à leurs étreintes le plus parfait des écrins. Le grésillement des mouches électrocutées sur le tue-insectes électrique s'intégra à ce rituel jusqu'à devenir quelque chose comme le jingle de leurs amours. L'été, ils entrebâillaient la porte de la chambre froide pour climatiser leurs étreintes. L'hiver, ils se couchaient près du fourneau où mijotaient les tripes maison, cuisinées à la graisse d'oie et délicatement poussées vers l'Orient par quelque épice tenue secrète. Mais cette activité menée dans les règles de l'art, quoique sans fantaisie notable hormis ce cadre original où travail et plaisir coexistaient à la bonne franquette, s'avéra improductive. Aucun enfant n'arriva à qui léguer la boutique, le tour de main pour le boudin, le secret des rillettes. Ils n'eurent pas de successeur à qui transmettre les assortiments de couteaux, hachoirs, tranchoirs aux manches patinés, aux fils parfaits. Personne à qui remettre solennellement la Clinencourt électrique, trois vitesses et tout alu. Ce fut là une déception surmontée par le travail et par une clientèle fidèle. Ils eurent ainsi de longues années d'un bonheur paisible jusqu'à ce qu'un petit point sombre repéré sur une radiographie mammaire de Lise fasse tache d'encre et assombrisse leurs vies.

Louis enterra Lise et longtemps, très longtemps, chaque sonnerie du tiroir-caisse lui rappela le sourire qui jadis accompagnait cette discrète volée de notes claires. Ses premiers pas de retraité le conduisirent souvent devant son ancienne boutique, reprise par un couple dont les salamis exhibés en vitrine dans des emballages racoleurs laissaient présager le pire et profanaient ce lieu ayant été le temple de la tradition charcutière française. Le local avait ensuite été recyclé en un point de restauration rapide où la viande à kebabs tournait en vrillant le cœur de Louis qui constatait cette progressive descente aux enfers de la Viande, jadis la fierté de la boutique de la rue Lavoisier, à présent sa honte. Il fut soulagé du changement de destination du local lorsqu'en vitrine apparurent cigarettes et pipes électroniques. La charcuterie, désormais associée au cholestérol, aux AVC et au cancer, avait cédé devant l'hygiénisme moderne de la fumée sans feu, de la nicotine sans tabac, de la disparition sans décès. Quelques mois plus tard il s'y vendait des téléphones portables, puis de faux ongles et cils. Louis en eut le tournis. Il fuit ces devantures éphémères, passant sur le trottoir d'en face pour ne pas être tenté, mû par une impulsion suicidaire, de pénétrer dans ce local dont les réaffectations successives étaient autant de coups portés à la mémoire de Lise. Il en vint à éviter la rue Lavoisier. Ainsi permit-il à sa mémoire de reconstituer la boutique des origines dans le moindre détail, jusqu'à ce rideau de perles vertes et jaunes que Lise avait substitué aux antiques rubans de plastique couleur chique crachée.

Pris dans l'étau d'une absence de contraintes, Louis dut se créer un emploi du temps et de nouvelles habitudes. Il quittait son petit pavillon de bonne heure pour aller prendre un premier expresso au zinc du Au bien nommé. Souvent en bras de chemise, il passait un petit pull lorsque le fond de l'air fraîchissait. On supporte une petite laine, disait-il alors en tapotant le dos de sa main droite avec la paume de sa main gauche, geste sans aucun rapport avec le propos. Il quittait le bar pour aller s'asseoir sur un banc, à l'ombre d'un platane, face au port de Toulon. Là, il contemplait l'eau bleue où la matinée commençait à s'engloutir doucement. Après une grosse demi-heure passée à suivre les trajectoires des bateaux et celles des mouettes, il se mettait en route pour accomplir une série de petites missions : second expresso, demi-baguette pas trop cuite chez la boulangère dépressive de la rue des Mimosas, achat du *Var-Matin* dont la lecture comblerait le creux qui se formait en fin de matinée, quand il est trop tôt pour passer à table et trop tard pour ne pas y penser. Deux fois par semaine il allait à la supérette dont le rayon charcuterie, sous l'ancienne direction, proposait ses spécialités (son boudin, élu à sept reprises Meilleur boudin du Var, et ses rillettes, consacrées Rillettes d'or plusieurs années d'affilée), rayon qu'il évitait à présent que ses propres produits n'y trônaient plus. Il suivait ainsi une modeste mais nécessaire feuille de route. Ses quarante dernières années avaient été exclusivement consacrées à la seule boutique de la rue Lavoisier, dont Lise et lui-même ne se distinguaient plus vraiment. Chaque dimanche, après l'éclair au café ou la religieuse au chocolat qu'il s'autorisait ce seul jour, il allait se recueillir sur la tombe de Lise. Là, au milieu des cyprès et des rosiers grimpants, il prenait plaisir à lustrer le marbre dont le rose persillé d'un blanc crémeux évoquait la délicate texture d'une épaule de porc. Les fins d'après-midi le surprenaient souvent dans son fauteuil, assoupi devant l'écran où s'agitaient des personnages dont il ne parvenait jamais à suivre l'action jusqu'au bout. Il s'endormait devant la télé, mains croisées sur le ventre, traversant des contrées dont peu de chose subsistait à son réveil, paysages limbiques entraperçus de nuit à travers les vitres d'un train lancé à toute allure. Ses journées, ses soirées et ses nuits se succédaient dans une continuité que pourrait modéliser le cylindre mollement sinueux d'une pâte dentifrice au sortir du tube. Pour le dire clairement, Louis déprimait. Fidèle à sa nature placide, il déprimait discrètement. Son moral descendait une pente douce, au dénivelé d'autant plus pernicieux qu'il était infime. Il manquait à ses journées un schéma directeur de type belote, lotos, excursions de groupe et autres occupations agrégeant les retraités sociables. Il avait un certain nombre de connaissances mais pas d'amis, pas de famille, personne avec qui partager un rituel hors commerce, ne serait-ce qu'une partie de pétanque ou de dominos. N'ayant ni la main verte ni le goût du bricolage, il fut confronté à l'infernale gymnastique des aiguilles de sa montre qui prenaient tout leur temps pour arriver au grand écart de midi trente, heure officielle du déjeuner, puis à celui de dix-huit heures ; il mettait alors la table bien qu'il soit encore un peu tôt, comme pour appâter le moment du souper. Il faisait de son mieux pour arrondir les angles de ces aiguilles qui tricotaient des fins de journées bien trop grandes pour lui, tissaient d'interminables dimanches dans lesquels il flottait.

Le regard de Louis s'embua peu à peu comme le pare-brise d'un véhicule resté trop longtemps stationné à l'extérieur. Un léger voile tendait entre lui et le monde un linceul transparent. Il n'en percevait pas moins parfaitement le bleu frissonnant de la Méditerranée et celui plus alangui du ciel varois. Cette buée était d'un tout autre ordre. Elle ne laissait pas présager le glaucome mais la dépression. Elle opacifiait son regard réduit à une pupille vert-de-gris entourée de filaments sanguins étoilant un blanc d'œil légèrement entartré qui ne demandait qu'à tirer vers le jaunâtre pour peu que Louis en vienne à substituer des petits blancs aux petits noirs serrés du Au bien nommé. Son crâne bouillonnait mollement, à feu doux, en quête de stratégies destinées à tuer un temps qui de toute façon aurait le dernier mot. Il songeait de plus en plus souvent à la mort, et pas seulement après avoir visité Lise ou vu flotter un poisson crevé dont il avait fixé l'œil vitreux avec un regard de complicité.

Il semblait donc s'acheminer vers une sorte de végétalisation, s'enracinant dans quelques habitudes, occupant son banc de plus en plus longuement. Il aimait songer à Lise, à la boutique de la rue Lavoisier qu'il recréait avec cet embellissement, cette customisation du réel qu'engendre l'éloignement dans le temps. Chaque mouche électrocutée dans une boulangerie ou dans la supérette lui rappelait leurs ébats climatisés. Mais Louis était comme un volcan resté en veilleuse soixante ans durant, si l'on excepte les passagères et lointaines éruptions vocales de Fuck Dog Louis. Ce volcan s'était maintenu sous la forme d'une colline rondouillarde et même Lise n'y avait vu que du feu, c'est-à-dire qu'elle n'avait pas perçu celui qui couvait au plus profond de lui. Pourtant, ses dons de perception avaient toujours stupéfié Louis, car elle voyait en lui au point de le faire se sentir en retard sur lui-même. Ce volcan à l'aspect de motte débonnaire n'avait donc jamais grondé ni émis la moindre fumerolle. Non seulement ceux qui le connaissaient mais Louis lui-même auraient été stupéfaits d'apprendre que l'onde sismique, le feu, le tonnerre couvaient en lui comme autant d'agents dormants qu'un signal peut réactiver à tout moment. Appel téléphonique faussement erroné, anodine petite annonce qui transforme le paisible employé en exécuteur appointé aux services secrets, la mère de famille en tueuse au service de la mafia. Le signal qui changea le destin de Louis prit une forme totalement inattendue.

Le conseil municipal de Toulon souhaitait s'attirer la reconnaissance des habitants du quartier des Blatterets, c'est-à-dire leurs votes. Mais les idées manquaient autant que l'argent et même davantage, car de bonnes idées peu coûteuses à appliquer sont plus difficiles à trouver que les crédits eux-mêmes. Les élus municipaux hésitaient entre deux projets ayant pour points communs de relever de l'urbanisme et de ne pas fédérer. Ceux de la majorité pensaient qu'un rond-point au croisement des rues Malenfer, du 18-Juin et du Platane serait très visible, peu nuisible et, cerise sur le gâteau, permettrait d'ériger au centre du petit terre-plein une sculpture voulue depuis longtemps par le premier adjoint à la culture. Cette sculpture serait commandée à la fille de sa maîtresse, étudiante aux Beaux-Arts de Dijon, et son métal acheté aux Métaux et Échafaudages Toulonnais, entreprise qui faisait partie des soutiens fidèles de la majorité, lui fournissant tribunes et gradins lors des campagnes électorales. L'opposition ne manqua pas de souligner qu'un rond-point symboliserait parfaitement l'action de la majorité qui tournait en rond et dont chaque initiative ne faisait que casser les flux d'énergie de la ville. Elle lui opposa son propre projet, le traçage d'une piste cyclable, moyen usuel d'apporter une touche verte à une ville où les véhicules à moteur et ceux à propulsion nucléaire se partagent la terre et les eaux. Le principal inconvénient de ce projet était qu'il faisait plaisir aux écologistes. Un consensus fut finalement trouvé autour d'une troisième proposition qui ne satisfaisait personne et put donc être votée. Ainsi fut-il acté qu'un vide-greniers aurait lieu tous les premiers dimanches du mois sur la place Desesquelles, au cœur des Blatterets. C'était une décision qui ne coûtait rien, créait un semblant de lien social et un embryon d'activité économique.

Tous les dimanches matin, Louis ajoutait une pâtisserie à la demi-baguette pas trop cuite que lui tendait d'un air désespéré la boulangère dépressive de la rue des Mimosas. Ce jour-là il hésitait entre une tartelette aux fraises et un paris-brest, sous le regard plein de bugs de la femme du boulanger dont les sautes d'humeur avaient chassé une partie de la clientèle. Louis était un des clients historiques et le resta malgré un accueil en dents de scie. Il la connaissait depuis le jour d'ouverture de la boulangerie-pâtisserie, lorsqu'elle était aussi fraîche et croustillante que les produits qu'elle remettait aux clients avec un grand sourire. Elle s'était progressivement affaissée derrière son comptoir qu'elle parcourait, les mauvais jours, comme un fauve parcourt sa cage en fixant les visiteurs d'un œil férocement fixe. La chose n'affectait pas l'inébranlable Louis, capable d'évaluer son degré de sociabilité à sa seule façon de tourner le dos aux clients à leur entrée : un dos raide et obtus, mural, ou bien un dos offrant un potentiel de volte-face. Le niveau du tas de miettes éparpillées sur le comptoir, près de la caisse enregistreuse, donnait aux habitués un précieux complément d'information sur l'état de la boulangère. Dans ses bons jours, lorsque ses gestes et son regard flottaient à l'unisson, elle posait pains et baguettes avec une lenteur que le non-initié pouvait interpréter comme de la délicatesse alors qu'elle résultait d'un excessif dosage de Prozac et de Lexomil. Les autres jours elle claquait sèchement la marchandise sur le marbre, semblant reproduire un plaquage lors d'un match du RC Toulon, le client étant le joueur visiteur ainsi jeté au sol.

Louis hésitait donc entre la tartelette et le paris-brest comme le conseil municipal avait tergiversé entre rond-point et piste cyclable. Il opta finalement pour un assortiment de minipâtisseries. La boulangère dépressive en feula d'agacement. Sa livraison sauvage du petit carton claqua sur le comptoir, faisant jaillir la tête du boulanger, bien placé pour savoir que sa femme était dans une période fortement dorsale et pas seulement au lit, terrain démilitarisé depuis qu'il avait été sommé de garder son arme au râtelier sauf ordre contraire. Il expliquait l'état de sa femme par l'effet du mistral sur les personnes sensibles, la boulangère dépressive ayant été une boulangère non dépressive dans leur premier local, rue des Guigoux à Lons-le-Saunier. Cette ville était exempte de mistral mais pas de librairies dont l'abondance, par une étrange et inexpliquée causalité, semblait dépeupler les boulangeries lédoniennes. La sournoise pression des livres contraignit le couple à migrer dans la ville natale du boulanger qui s'y enfarina le sourcil avec enthousiasme tandis que sa femme, déracinée avant même les premières rafales de mistral, y conçut rapidement une aversion du client et donc aussi de ce qu'il venait chercher, à savoir le pain. C'était fâcheux. Son savoir-faire attirant une nombreuse clientèle, le boulanger s'attira par conséquent les plus abruptes des versions dorsales de sa femme. Lors de la toute première fournée à Lons-le-Saunier, il avait façonné et cuit un cœur pour sa femme. N'ayant pas encore l'esprit branché sur courant alternatif mais sur la caisse enregistreuse, celle-ci avait compris le potentiel commercial de ce biscuit sablé, particulièrement à la Saint-Valentin. Le boulanger perpétua avec succès cette petite spécialité à Toulon. Le geste d'amour initial se révéla rentable dans la durée mais sans doute ces biscuits rappelaient-ils trop Lons-le-Saunier à la boulangère qui gardait la nostalgie de son Jura natal, car elle les plaquait si violemment sur le comptoir que le client repartait avec son cœur brisé.

Louis descendit la rue des Mimosas avec sa demi-baguette pas trop cuite et son carton de minipâtisseries, passant devant les petits étalages déployés par chaque participant au vide-greniers. Malgré la chaleur déjà accablante, il y avait foule. La plupart des objets proposés semblaient provenir de caves plutôt que de greniers, ou alors de greniers humides comme des caves. Peu intéressé mais pas pressé, il effleurait du regard ce grouillement de pacotilles ayant dévalé tous les échelons de la hiérarchie domestique pour finir à la rue. Louis songea à ses assortiments de couteaux et ustensiles divers, à la Clinencourt électrique, trois vitesses et tout alu, désormais sans emploi mais dont il se refuserait toujours à devenir le proxénète en les mettant ainsi sur le trottoir, offerts au premier venu. Ce serait comme faire un vide-passé. Après s'en être débarrassé, comment pourrait-il encore astiquer sans honte le marbre qui chapeautait Lise de son rose charcutier ? Comment annoncer à celle-ci qu'il avait vendu ces compagnons dont ils s'étaient si souvent servis de concert, la lame de l'un tranchant joyeusement dans une épaule pour répondre à celle qui venait d'effeuiller un jambon en pétales de chair roses et parfumés où quelques gouttes de sang perlaient comme une rosée de fraîcheur ? Comment avouer que la Clinencourt allait ronronner pour des inconnus ?

C'est après avoir descendu la rue des Mimosas et tourné à droite dans l'avenue des Blatterets que Louis fut ébloui au point que la buée de ses yeux disparut un instant, laissant fulgurer ce bleu ayant jadis séduit Lise. Un rayon de soleil avait ricoché sur une vitre d'armoire puis sur la vitrine d'une agence de Pôle Emploi, prenant un dernier élan sur un pare-brise pour finir en plein visage de Louis. Son avancée le dégagea de ce faisceau, mais il fut à nouveau ébloui et se demanda s'il n'était pas la cible d'un farceur, peut-être l'un de ces gamins armés de loupes avec quoi ils visent les périscopes qu'on voit parfois émerger le long des côtes varoises. Louis connaissait ce jeu visant à atteindre la partie vitrée du périscope pour aveugler le sous-marinier voyeur ou pour enflammer ce que l'enfantin sniper imagine être la mèche d'un gros pétard sous-marin. Le but du jeu étant de faire éclore un champignon atomique au milieu des mouettes rieuses. Ainsi ces gamins s'attaquaient-ils à la fission nucléaire made in France par la concentration solaire made in la Calebasse, nom de la minuscule crique d'où ils traquaient les sous-marins. Étroite mais longue et rectiligne, l'ombre des cyprès de la Calebasse leur permettait, entre deux attaques, de faire la sieste en enfilade, les plus forts gabarits s'exposant à des coups de soleil latéraux dans le sens de la hauteur, parenthèses rouges encadrant une pâleur sauvegardée.

Louis ignorait le caractère fortuit de l'incident et chercha le plaisantin tandis que le jet lumineux balayait le trottoir devant lui comme pour le narguer. Il finit par repérer la source de l'obstiné rayon de lumière sur le trottoir opposé. Ce balayage intempestif provenait de la manipulation par un acheteur potentiel d'une porte vitrée d'armoire qui redistribuait la lumière en toute innocence. Mû par une impulsion que ne motivait aucune velléité antiquaire ou acquisitive, Louis traversa l'avenue des Blatterets pour regarder de plus près cette armoire flamande à colonnes torsadées dont le bois grêlé laissait supposer une intense vie intérieure. C'était un meuble ayant beaucoup voyagé dans l'espace et dans le temps. Louis en apprécia la qualité de fabrication et les dimensions généreuses qui le rendaient incompatible avec la plupart des intérieurs contemporains. Peut-être avait-elle contenu un amant caché dans son obscurité tandis qu'un inopportun mari poussait la porte de la chambre que l'objet du possible conflit aurait pourtant juré avoir fermée à double tour (je ne suis quand même pas étourdie à ce point !). Mais ce sont là des extrapolations parfaitement futiles, étrangères à Louis dont les pensées évitent de faire du hors-piste et ne se perdront pas dans les sables de ces déserts où la réalité devient mirages. Louis n'avait pas oublié ce client professant la philosophie à l'université de Toulon. Cet enseignant lui achetait du boudin (un produit de qualité supérieure, primé dans différents concours), non pour le consommer, ce serait trop simple, mais pour illustrer avec humour (!) devant ses étudiants une théorie où il était question du fond et de la forme ! Ce client vivait de gesticulations verbales tandis que lui, Louis, vivait de gestes produisant des charcuteries vendues au poids et labellisées, voire récompensées par des jurys qui ne s'en laissaient pas conter. Il se flattait de confectionner du boudin gastronomique, pas du boudin philosophique. Cet épisode avait radicalisé sa méfiance envers tout ce qui s'écartait du bon sens.

Bien que n'envisageant pas d'acquérir ce meuble encombrant, Louis ouvrit la seconde porte. Il dégagea délicatement de son logement le crochet qui la maintenait fermée et la tira à lui. Il ne pouvait savoir qu'en ouvrant cette porte, il ouvrait aussi le premier chapitre de sa légende. Le panneau de bois pivota sur ses charnières avec un léger grincement. Ce qu'il découvrit le tétanisa. Les profondeurs ombreuses de l'armoire étaient habitées ! Après quelques secondes de saisissement, il craignit une hallucination née d'une insolation ou d'une hypoglycémie. Il se serait bien frotté les yeux si ses mains ne s'étaient partagé la baguette et les minipâtisseries. Il battit deux ou trois fois des paupières en vain, la créature persista à exister. Louis soutint son regard fixe et vitreux.

La créature se tenait en position verticale sur l'étagère du milieu, pointant son bec dans la même direction que son regard, droit sur Louis. Était-elle un passager clandestin ? Vendue avec l'armoire ? Oubliée derrière la porte jamais ouverte depuis des lustres ? Louis et le manchot empereur se firent face sans qu'aucun ne bouge, l'un parce que cette rencontre le pétrifiait, l'autre parce qu'il était empaillé depuis quelques années déjà. Ce manchot empereur était certes bien conservé mais d'un usage incertain. Qui donc l'aurait acheté et pourquoi ?

Difficile de se dire : un manchot empereur, ça sert toujours. Autant de questions que Louis ne se posa pas. Il s'entendit poser une question d'un tout autre ordre, comme s'il se ventriloquait lui-même. Ce qu'il demanda spontanément au vendeur court-circuita des décennies de bon sens et de pratique commerciale.

– Cent cinquante euros, à emporter, répondit aussitôt le vendeur.

– Cent cinquante euros ? Et les mites ?

– Vous voulez dire les vers de bois ? Ils sont partis, y a que les trous qui restent. C'est comme ma femme, elle est partie, y a que le trou du compte en banque qui reste.

– Je parlais du pingouin, il est mité.

– Ah ! Attention, hein ! C'est pas un pingouin, c'est un manchot empereur ! Pas pareil, hein ! Pas pareil ! C'est bien mieux, un manchot empereur ! D'abord c'est plus gros et puis bientôt avec la fonte des glaces y en aura plus, vous pouvez voir ça comme un investissement ! Et puis il est pas mité, regardez, il faut juste lui lisser le plumage. Faut le caresser dans le sens du poil. Quarante euros parce qu'on va fermer. Mais si vous prenez l'armoire il est offert.

– Trente.

– Trente-cinq.

– Bon.

– Vous êtes sûr que vous voulez pas l'armoire ?

Et c'est ainsi que Louis descendit l'avenue des Blatterets avec son manchot empereur sous le bras, enveloppé dans un vieil exemplaire de *Var-Matin*. Bien plus qu'un acte d'achat, un coup de foudre. Non pas un coup de tête, mais un coup de cœur. La modeste avenue des Blatterets s'avéra être un chemin de Damas. Un éléphant avait clôturé l'existence du comptable, un manchot empereur allait inaugurer une nouvelle ère pour Louis. Il avait aimé sa mère, Lise, son métier et la boutique de la rue Lavoisier, mais son amour pour le manchot empereur l'emporterait dans une autre dimension. Il vrillerait dans l'Infini le bleu retrouvé de son regard. Cette subite passion restera mystérieuse et dépourvue de sens, preuve de son authenticité. Le commencement d'une histoire d'amour en est la meilleure part et toute vraie passion est un commencement toujours renouvelé. C'est pourquoi les vraies passions ne se terminent jamais, mais cessent un jour de commencer. Aimer passionnément, on le sait par ouï-dire, c'est être frappé d'un coup de foudre chaque matin en redécouvrant l'être aimé. C'est fatigant, à la longue, mais c'est beau.

Il prit la rue des Escarbilles, traversa la place des Pénitents, transpirant sous un soleil en plein stretching dont les rayons s'étiraient en tous sens avec ardeur. Il transpirait plus particulièrement du côté droit, là où le contact avec le plumage accélérait la formation d'auréoles. L'animal dépassait de la tête et des pattes le cylindre brouillon formé par les feuilles du *Var-Matin*. Dans la lumière du plein midi, ses yeux empoussiérés retrouvèrent de l'éclat. Son bec pointait vers le haut, des mèches orangées flottaient mollement de chaque côté de sa tête comme de petits appâts pris dans un léger courant. Des mouettes tournèrent au-dessus d'eux, intriguées par cette tête exotique et ces yeux miroitants.

Louis habitait un pavillon ayant une très petite vue mer. Il pouvait apercevoir un triangle bleu marine lorsqu'il sortait son buste par la fenêtre et tendait son bras droit pour ramener vers lui l'antenne râteau régulièrement déplacée par le mistral. Tous deux étaient comme un vieux couple où chacun tire de son côté, mais qui parvient toujours à se retrouver sur la bonne longueur d'onde. Il posa le manchot empereur sur une des chaises entourant la table où il prenait ses repas. La fenêtre donnait sur un palmier dont le tronc couleur dromadaire ébouriffait ses fibres poussiéreuses. Depuis la mort de Lise, c'était la première fois qu'il prenait un repas autrement qu'en solitaire. Son invité lui offrit une présence inattendue, dense et digne. Louis l'imagina arpenter son territoire originel à petits pas, piquant de temps à autre une tête pour subvenir à ses besoins de la façon la plus sobre du monde, par ingurgitation discrète d'un ou deux poissons. Très différent des mouettes et goélands voraces, le manchot empereur se nourrit avec grâce et ses plongées alimentaires ne se distinguent d'une posture de yoga que par l'effort natatoire exigé. C'est ainsi que Louis, mais avec ses mots à lui, aurait décrit les repas de cet invité surprise. Il regretta de n'avoir rien d'autre à lui offrir qu'un dépoussiérage, ce qu'il n'aurait jamais proposé au palmier bien que celui-ci s'empoussiérât sous ses fenêtres depuis plusieurs décennies.

Il y a longtemps que Louis ne s'était senti si serein. L'horloge murale dépassa le redouté grand écart de douze heures trente sans qu'il s'en aperçoive. Le cercle horaire semblait rétablir avec Louis des relations diplomatiques cordiales. Il mangea sa salade-vinaigrette, ses flageolets-côte de porc et sa demi-baguette pas trop cuite, but son café, goba quelques-unes des minipâtisseries carambolées sans quitter du regard ce compagnon qui, à peine entré dans sa vie, en était déjà le centre et la circonférence, l'os et la moelle. Si le bonheur existe, le manchot empereur en propose une version plausible et maîtrisée. Quelque chose en lui transcende une placidité souvent confondue avec de l'indifférence et, pour peu qu'on l'observe sans préjugés, comme le fit Louis, on le voit bientôt avec les yeux de l'amour. Par une grâce de la nature, il se propose d'emblée comme un talisman. Il ne fait aucun doute que ses mensurations recèlent quelque chose comme un nombre d'or, la possibilité de le transposer à n'importe quelle échelle sans déperdition, sorte de prédisposition mathématique à l'universalité.

Le voir, c'est le connaître. Le connaître, c'est l'aimer.

Son repas terminé, Louis nettoya la toile cirée où des champs de lavande attendaient en vain que des abeilles succèdent aux mouches qui leur marchaient dessus dans le sillage de l'éponge, suivi par les diptères comme celui des chalutiers l'est par les mouettes. Ce coup d'éponge différait des centaines d'autres qui l'avaient précédé sur cette même nappe. S'il ne dérogeait pas à sa trajectoire semi-circulaire, il recelait indubitablement une énergie nouvelle. Oui, ce coup d'éponge était connecté à de nouvelles forces. La simple présence du manchot empereur distordait l'espace-temps où depuis sa retraite s'engluait Louis. Les mouches ne s'y trompèrent pas qui allèrent se ventouser au plafond sans se risquer à faire leur habituelle promenade digestive sur son crâne en profitant de la large avenue qui s'y ouvrait, ombragée d'une fine résille de cheveux blancs. Louis alluma la petite télé de la cuisine pour regarder les prévisions météo, mais il n'eut d'yeux que pour son hôte qui le lui rendit bien. Louis cilla le premier. Il ne songea pas à déplacer son invité bien que sa stature fasse écran à celui où une jeune femme, d'un simple geste de la main, faisait surgir nuages, soleils, températures sur une carte de France offrant un visage des plus souriants s'il en croyait ses commentaires, n'ayant vue que sur les seules parties latérales du pays et sur la Corse. Le soleil se maintiendrait dans le golfe du Lion avec des températures au-dessus des moyennes saisonnières malgré des rafales ponctuelles de mistral, précisa la voix enjouée de la présentatrice. À peine ces mots furent-ils prononcés qu'à l'étage les volets claquèrent et s'abattit sur la France une tempête de neige où s'ensevelit la présentatrice. Louis soupira mais ne se précipita pas, il avait tout le temps de redresser l'antenne avant le journal de vingt heures. Et même s'il l'avait voulu, il n'aurait pu se lever de sa chaise car il y fut cloué par le saisissant spectacle de la neige tombant derrière le manchot empereur. Émerveillé, il fixa l'écran devenu un écrin où se découpaient les formes plantureuses de l'animal. La neige électronique tombait en silence, dense et serrée comme elle tombait sur les terres natives de son hôte. Louis en frissonna d'émotion.

Après avoir déneigé le téléviseur en repositionnant l'antenne, Louis profita quelques instants de sa très petite vue mer. Celle-ci frissonnait légèrement en une sorte de chair de poule d'eau, réaction épidermique aux effleurements venteux. La pièce sous combles où s'ouvrait le chien-assis par la gueule duquel se laissait apercevoir cette miette de Méditerranée servait de grenier. La poussière recouvrait le parquet et les quelques meubles éparpillés, elle infiltrait les serrures de la malle contenant les trophées charcutiers reçus par Louis et amoureusement astiqués de son vivant par Lise, notamment ce boudin lové dans ses anneaux dorés, élu Boudin d'Or au concours 1999 du meilleur boudin français. Une roue reposait dans un angle, à laquelle manquait sa bicyclette. La chaîne hi-fi ayant jadis martyrisé le voisinage de Fuck Dog Louis se murait dans un silence définitif, méditant peut-être ses excès passés. Debout contre un mur, brisé par cette position contre nature, un matelas en mousse confort ferme de 190 × 140 cm avait renoncé à évoquer quoi que ce soit à Louis. C'est pourtant sur lui que Louis s'était escrimé à pacifier la partie la plus sauvage de leur invitée commune, à réduire cet objectif replié au centre d'une épaisse broussaille.

Regardant cet espace disponible, Louis eut une idée. Si la cuisine convenait pour une première prise de contact, à la bonne franquette, il fallait trouver un endroit plus approprié pour accueillir dans la durée son invité. Une fois vidé et aménagé, le grenier ferait l'affaire. Mais Louis irait bien au-delà de cette idée, bien au-delà d'un banal aménagement des combles, car une vision s'imposa à lui dès qu'il posa le pied sur la première marche de l'escalier, qu'il descendit dans un état second.

Cette vision était si puissante qu'elle parvint à infléchir ses habitudes. S'il continua à boire ses expressos matinaux au zinc du Au bien nommé et à s'asseoir sous son platane face au port de Toulon, il ne s'agissait plus pour lui de tuer le temps. Le miroitement de l'eau aurait donné une image assez juste de son esprit étincelant d'options stratégiques et de décisions tactiques. Il ne renonça pas davantage à acheter la demi-baguette pas trop cuite chez la boulangère dépressive de la rue des Mimosas, veillant à avoir l'appoint pour ne pas déclencher un soupir rageur suivi d'un implacable plaquage sur le comptoir. Il continua aussi à acheter *Var-Matin* mais s'il suivait les résultats du RC Toulon et se tenait informé des événements locaux, son esprit était ailleurs, accaparé par la vision et les conditions de sa mise en œuvre.

Les travaux lui demandèrent plusieurs semaines d'efforts. Après avoir débarrassé le grenier il le dépoussiéra, peignit murs, poutres et plafond en blanc satin glacé et posa une moquette, blanche elle aussi. La pièce sembla doubler de volume. Louis y installa un vieux canapé couleur crème à la vanille (les chiures de mouches y figuraient de crédibles résidus de gousses épuisées) qui évoquait un iceberg miniature flottant dans cet espace transformé en simili-banquise. Un ciel en double vitrage empêchait la chaleur méditerranéenne de trop attenter à cette ambassade polaire. L'éclairage halogène produisait une intense lumière froide. C'est avec émotion qu'il installa son hôte dans ses parties privatives. Ainsi serti dans une blancheur intégrale, le manchot empereur en imposait à Louis qui se surprit à frapper à la porte du grenier avant d'entrer. Jour après jour, il passa de plus en plus de temps dans le canapé-iceberg, allant jusqu'à délaisser son banc et son platane. La présence du manchot empereur lui procurait une sérénité compacte. Ses longues stations dans le grenier-banquise conduisirent Louis à créer et pratiquer sans même le savoir une nouvelle forme de yoga. Un de ses biographes prête au manchot empereur des caractéristiques nippones ayant influencé Louis qui, à son contact quotidien, adopta une posture méditative très zen, embryon de ce qui deviendrait le yoga du froid, adopté par des millions de personnes à travers le monde. Il est vrai que manchot empereur et Japonais ont en commun un fort grégarisme, un goût pour le poisson cru, une certaine raideur de la posture, un centre de gravité assez bas (stablissime, le manchot empereur est un possible judoka). Ce cousinage, selon ce biographe, démontre combien est flottante la frontière entre animalité et martialité, entre bête polaire et bête de tatami. Faisant face au froid sans jamais frissonner, stoïque, le manchot empereur évoque ces maîtres d'arts martiaux qui se fixent jusqu'à ce que le plus faible se retire bien qu'aucun geste n'ait été esquissé de part ni d'autre, la concentration du plus fort ayant fini par rayer celle de son adversaire.

C'est là une des innombrables choses écrites sur cette période qui vit s'assouplir la pensée de Louis si l'on en croit cette phrase notée dans son carnet de voyage, phrase qui montre tout le chemin parcouru depuis l'époque de Fuck Dog Louis et les paroles de la chanson Chantal Garage : « Dans le nid du manchot Adélie, fait de cailloux délicatement posés sur la glace, s'épanouit l'esprit du zen ; trois cailloux comme trois cerises sur un gâteau de neige finement ratissée. » Cette phrase, comme la plupart de celles attribuées à Louis et comme le carnet lui-même, est évidemment apocryphe, mais elle reflète quelque chose de son esprit à cette époque où s'élaborèrent les bases de son épopée.

Ainsi Louis se transforma-t-il au contact de celui qu'il avait sauvé de l'obscurantisme flamand et qui le sauvait en retour, donnant un axe à ses journées, un but à son existence. L'horizon de Louis bondissait par-dessus le programme télé de la semaine. La buée s'était dissipée et son regard, remis à neuf comme s'il avait été repeint en même temps que le grenier, pouvait désormais se mesurer aux bleus du ciel varois et des eaux toulonnaises. Insensible aux ressorts affaissés du canapé-iceberg, Louis restait en compagnie du manchot empereur des heures durant, piquant de temps à autre du nez pour plonger dans des rêves où il retrouvait son compagnon. Son esprit se libérait, au fil des heures il ne faisait plus qu'un avec la lumineuse blancheur du grenier-banquise. Peut-être, au début, cette sérénité dut-elle beaucoup aux émanations des solvants de la peinture satin glacé et de la colle à moquette. Après quelques semaines Louis dépassa le stade de l'attachement individuel, assumant même de ne pas partager cette expérience chimico-mystique avec Lise, la trahissant par omission pour la première fois de sa mort. Il astiquait le marbre charcutier avec la même tendresse dominicale, mais son cœur battait avec une ampleur nouvelle.

Un soir, alors qu'il s'était affalé dans le canapé-iceberg, il observa longuement une mouche.

L'insecte tournoyait dans le grenier, affolé de ne rien trouver d'autre que du blanc où se poser pour faire sa toilette sans s'exposer à d'inopportuns regards. La pudeur supposée de cette mouche le conduisit à s'interroger sur la vie du manchot empereur dans son milieu naturel, au milieu de ses congénères. Il s'interrogea sur sa vie réelle qu'il associait banalement au froid, à la neige, à la glace, sans pouvoir en donner aucun détail. Louis réalisa qu'il ignorait presque tout de ses conditions d'existence. Il savait tout du porc et rien du manchot empereur. Une légère aigreur à l'estomac lui indiqua qu'il culpabilisait. Certes, il ne l'avait pas arraché à sa manchotière, ni acquis auprès de trafiquants d'animaux exotiques, ni installé dans des conditions indignes, mais il avait le sentiment de l'utiliser. Par sa simple présence le manchot empereur lui apportait énormément, mais lui, que faisait-il pour son compagnon ? L'accueillir sous son toit et dépoussiérer son plumage ne suffisaient pas. Que faire d'autre ? Louis réfléchit tout en regardant la mouche s'épuiser à chercher un coin d'ombre où se débarbouiller en toute intimité. C'est alors qu'une seconde mouche la rejoignit. Toutes deux patrouillèrent de concert quelques instants avant de s'accoupler dans un coin de la pièce. L'évidence s'imposa à Louis. Il se devait d'offrir des compagnons au manchot empereur !

Passé sans transition d'une armoire flamande à un grenier toulonnais, il était seul de son espèce à des milliers de kilomètres à la ronde. Ainsi isolé, il semblait être un verbe à l'infinitif, lequel ne fait sens qu'inséré dans la phrase qui donne aux mots un horizon commun. « Tu es Pierre, et sur cette pierre je bâtirai mon Église ». La phrase biblique lui vint brusquement à l'esprit, qu'il avait pourtant non religieux. Ce jeu de mots entre le prénom et le minéral était assez misérable mais avait su s'inscrire dans la durée. Il ne s'agissait pas pour Louis de fonder une Église ou une secte, mais de peupler le grenier-banquise, d'offrir des compagnons à son occupant esseulé. La surface au sol le permettait, le respect de sa nature grégaire l'imposait. Une nouvelle mission s'ouvrit à lui. Le grenier devait poursuivre son devenir-banquise en accueillant d'autres manchots empereurs. Les renseignements et outils nécessaires à l'accomplissement de cette mission se trouvaient tout près du port, dans un bâtiment au fronton bas, aux vitres taguées. Il n'avait jamais pénétré dans cet endroit potentiellement hostile et n'aurait jamais cru devoir s'y rendre un jour, surtout pas à son âge où l'on aspire à la tranquillité de l'esprit, à se laisser bercer par des habitudes légitimement acquises, bonifiées au fil des ans. Mais il n'avait pas peur. Mieux, il voulait des obstacles à franchir. Il exigeait d'être mis à l'épreuve, car la passion est un cyclone qui n'aime pas tourner à vide. Il se lança un mercredi matin, faisant corps avec un vent de mer dont la vigoureuse fraîcheur le poussa vers l'avenir.

Louis entrait dans une médiathèque pour la première fois. Le vigile l'effleura d'un œil lointain, un bibliothécaire femelle pinça les lèvres en feignant de ne pas le voir. Il demanda à un bibliothécaire mâle portant le maillot rouge et noir du RC Toulon et des lunettes à monture compliquée comment accéder à Internet. Une simple adhésion permettait d'utiliser l'un des postes mis à disposition du public, l'informa le supporter au regard design. La personne chargée des inscriptions s'étant momentanément absentée, Louis entreprit de visiter les lieux. Jamais il n'avait vu autant de livres à la fois, de CD et DVD en aussi grand nombre, rangés selon des genres qui n'existaient pas du temps de Fuck Dog Louis, de séries télé dont il n'avait jamais entendu parler. Il trouva rapidement le rayon qui l'intéressait, où il feuilleta plusieurs livres : *Le Long Voyage du manchot empereur, Le Manchot empereur, prince des glaces, Le Manchot empereur, chef-d'œuvre en péril.*

La jeune femme des inscriptions revint, se remaquilla, passa un assez long coup de fil où il était question d'un talon mal recollé, vérifia son vernis à ongles couleur pistache, changea de boucles d'oreilles, chercha quelque chose qu'elle ne trouva pas dans son sac à main, ouvrit et claqua deux tiroirs et fut tout sourire. Louis reçut sa carte d'adhérent, sésame vers la vraie vie du manchot empereur. Vitrée par le haut ainsi qu'un bloc opératoire, la salle multimédia était emplie d'usagers dont les souris titillaient la surface de tapis étalés comme autant de draps de bain sur une plage. Louis s'assit devant un écran bleu avec cette sensation qu'on éprouve devant une étendue d'eau lorsqu'on n'a pas le pied marin. Le désert polaire l'effrayait moins que la jungle informatique. Ses jeunes voisins regardaient CR7 aligner des buts ou Beyoncé désaligner en cadence son 85-60-105. Louis était paralysé ; il regarda avec appréhension la fenêtre du moteur de recherche comme si ce rectangle blanc était un tremplin où poser le pied exposait à tous les dangers. Il se retrouva dans cette situation jadis réservée aux contes où, tous les souhaits pouvant être réalisés, il est difficile d'en choisir un. Face à l'inconnu il se raccrocha à des valeurs sûres et du bout de l'index tapa le mot rillettes sur le clavier. Le rectangle du moteur de recherche se révéla être un tapis volant à la vitesse de la lumière. Des images de rillettes s'affichèrent instantanément ainsi que des fiches diététiques, des recettes, des forums, des sites de commerce. Le peu qu'il lut des avis d'internautes sur la confection des rillettes lui confirma que la tradition charcutière française fout le camp. Il tapa ensuite Clinencourt trois vitesses, et des images de la trancheuse apparurent aux côtés de modèles plus récents. Leur trancheuse nuptiale, à Lise et à lui, était désormais une machine vintage ! Après ce voyage dans le temps, il demanda au tapis magique de l'emporter dans l'espace. Des immensités gelées apparurent aussitôt à l'écran, champs de neige où se tenaient des manchots empereurs rassemblés en groupes compacts. Certaines colonies comptaient plusieurs milliers d'individus, apprit Louis que rassura cette substantielle démographie. Pour autant, ces chiffres ne lui firent pas oublier que le manchot empereur ne se dénombre pas comme une tête de bétail car il incarne une exigence dont l'absence rend toute chose fatiguée d'elle-même. Ainsi pensa-t-il avec ses mots à lui. Poursuivant ses recherches il découvrit qu'une seule espèce – le manchot à œil jaune – préfère la solitude, sans doute parce que sa nature hépatique le porte à voir le monde sous un angle bilieux. Louis admira cette densité pacifique, cet esprit de groupe qui culmine dans la formation dite de la tortue où chaque adulte occupe à son tour la périphérie du groupe pour être en première ligne du combat contre le blizzard avant de retourner se fondre au chaud dans la masse. Curieux de savoir si d'autres internautes partageaient son admiration, il se connecta à un forum centré sur la formation en tortue du manchot empereur. Une majorité d'internautes louaient cette solidarité thermique qui permet à chaque individu d'alterner le chaud et le froid au bénéfice de tous. Mais un nombre non négligeable de dissidents réfutaient cette analyse en expliquant qu'il s'agissait là, tout au contraire, d'un comportement absolument individualiste. Selon ces contestataires, chaque manchot empereur exposé au blizzard cherche à contourner le groupe le plus vite possible pour se positionner à l'arrière, à l'abri du vent. Aucun n'accepte de plein gré de prendre sa part de blizzard mais la refile à celui qui se trouve dans son dos. Il ne s'agissait donc pas de relèves coordonnées, mais de désertions continues. Ainsi les groupes de manchots empereurs sont-ils comme des fruits s'épluchant par leur face la plus froide. Louis réfuta spontanément cette interprétation. Il voyait le manchot empereur en hoplite dévoué à la défense commune contre le froid. Par la suite, lorsqu'il comprit que la seconde hypothèse était la bonne, il admira le manchot empereur pour son instinct de survie qui le faisait passer outre à sa nature altruiste. Pour que le groupe vive, il faut que les individus dont il est composé survivent. Le manchot empereur ne peut se permettre de gaspiller la moindre calorie et respecte les lois somptuaires qu'impose son univers glacé : son plumage est élégant mais sobre, il ne s'époumone pas pour menacer ou séduire et ne se déplace qu'à bon escient. Il est sans charisme, s'exclameront ses détracteurs, qu'on le compare au tigre, à l'éléphant ou au paon ! Ce dernier, rétorqueraient ses admirateurs, est une créature racoleuse et criarde. Oiseau superficiel, il a remplacé son gouvernail originel par un monstrueux éventail à seule fin de rouler des mécaniques caudales. Le paon est l'antithèse du manchot empereur qui n'a pas transformé ses ailes et sa queue pour la montre, mais pour la nage.

Bien plus que par les ramifications infinies d'Internet, Louis fut émerveillé par les exploits de cet athlète du froid qui plonge jusqu'à cinq cents mètres de profondeur dans des eaux glacées, jeûne quatre mois d'affilée à moins soixante degrés et sous des rafales dépassant les deux cents kilomètres par heure tout en couvant debout son œuf unique. Oiseau certifié, le manchot empereur ignore pourtant arbres, nids douillets, insectes et vues aériennes ; il ne picore pas et vole ailleurs que dans l'air. Cette merveilleuse réussite de la nature a été soustraite à la jalousie des autres espèces, moins parfaites mais mieux armées, sagement placée hors de leur portée dans les régions les plus inhospitalières de la planète. Au milieu de rien, dira l'ignorant à qui la voix de la vérité répondra au centre de tout, car le manchot empereur vit excentré si l'on considère l'Occident comme le centre du monde, mais en position centrale si l'on accepte la décision, sensiblement plus objective, d'une aiguille aimantée.

Poursuivant ses recherches, Louis découvrit l'étendue des merveilleuses aptitudes du manchot empereur, mais aussi l'aveuglement de l'être humain qui le méconnaît et l'accable. Ainsi son nom est-il un pur scandale, car il le définit par ce qui est censé lui manquer (deux bras poilus et cupides !). La faute en est à l'ornithologue Mathurin Jacques Brisson (1723-1806), lequel proposa de construire manchot sur le latin *mancus* (estropié). Nul depuis ne contesta ce nom honteux, le plus péjoratif du règne animal. Sans aucun doute, imitant les ci-devant faussaires De La Toison d'Or ou De Sang Bleu (Delatoir et Desamble en bout de course), les descendants de ce Brise-Son ont-ils maquillé par contraction ce nom par trop révélateur afin que la lignée des Brisson puisse poursuivre incognito sa tradition de nuisance. Brise-Son : celui qui brise le son, la musique, l'harmonie des êtres en les enfermant dans un nom ignominieux. On rapprochera cette falsification de celle de chihuahua, lifting du chie-ouah-ouah originel qui définit parfaitement les deux pôles de l'essence canine. La justice serait de nommer agité ou douillet, poilu ou sans bec, l'être humain en référence à ce qui lui fait défaut pour ressembler au manchot empereur.

Englué dans la Toile, surfant sur les glaces polaires, captivé par les exploits adaptatifs du manchot empereur, Louis laissa passer l'heure du repas puis celle de la sieste. Le supporter du RC Toulon fut remplacé par une très vieille femme que l'éclairage aux néons semblait écraser. Louis sollicita son aide pour visionner des vidéos sur YouTube. La bibliothécaire incunable progressa péniblement jusqu'à lui dans un enchaînement de pas minuscules, peinant à se frayer un passage dans une lumière trop dense pour elle. Elle semblait être son propre hologramme. Louis exprima sa demande en baissant spontanément la voix. La bibliothécaire ne prononça pas un mot, mais lui montra la manœuvre à accomplir avec une telle lenteur que sous sa main la souris se déplaçait à grand-peine sur le tapis, sans doute empoisonnée au Ratox. Louis put admirer le manchot empereur dans sa posture officielle, au garde-à-vous, menton haut, regard flottant au-delà des apparences, mais aussi en plongée ou dévalant une pente gelée sans se départir de sa dignité. Il put assister à l'émouvante transmission à haut risque de la femelle confiant son œuf au mâle qui le couvera, posé sur le dessus de ses pattes, enveloppé dans un repli de sa peau. Debout, immobile, impassible dans les blizzards les plus violents, le père veillera sans relâche à ce que l'œuf ne touche pas le sol gelé. À l'issue de la couvaison il aura perdu la moitié de son poids. Il ne lui restera que les plumes sur les os, mais il aura justifié, ex aequo avec tous ses congénères, le titre de meilleur père de tous les temps. Louis observa avec émotion la venue au monde du petit manchot empereur qui frappe poliment du bec à la porte et brise sa capsule calcaire par simple joie de vivre, accomplissant son entrée sur scène sans ameuter le voisinage. Naissance qui contraste péniblement avec celle hurlante et geignarde du petit humain (lequel, devenu grand, se venge sur le reste du monde de cette expulsion initiale). Il ne se lassa pas de suivre, la larme à l'œil, les premiers pas sur la glace du petit manchot empereur, tout ébouriffé dans sa grenouillère de duvet gris-argent. Individuellement peu prolifique, se perpétuant œuf par œuf, presque au goutte à goutte si l'on considère la forme de ceux-ci, le manchot empereur n'est pas un best-seller de la création comme la sardine prolifique ou la mouche déferlante, mais son chef-d'œuvre inconnu.

Louis visionna aussi de pénibles scènes de tueries perpétrées par des léopards de mer, des orques et des pétrels géants. Ces manchoticides lui nouèrent l'estomac bien qu'il comprenne que le manchot empereur ne saurait se soustraire à la loi commune. Utilisant les écouteurs, il apprécia la brièveté de son cri nuptial, quelques secondes suffisant à exprimer son désir d'engagement sans gaspiller de calories ni se perdre en démonstrations redondantes. Il admira le plumage des adultes. Le manchot empereur n'a pas cédé à la facilité de la mode locale, ce blanc intégral dont se vêtent la plupart des habitants polaires pour faire croire à leurs proies qu'ils sont de vieux débris bien incapables de les saisir, ou à leurs prédateurs qu'ils ne sont pas là où ils se trouvent. Louis pensa avec plaisir que le manchot empereur ne fait rien comme tout le monde, et même qu'il fait mieux seul que tous les autres ensemble. Son smoking à queue de lui-même (le manchot empereur ne sous-traite ni à la pie, ni à la morue, ni même au pingouin), le bouton-d'or de son haut de plastron, son profil délicatement rehaussé de touches orangées font de lui un modèle d'élégance.

Louis quitta la médiathèque en dodelinant de la tête, mains croisées derrière le dos, profondément songeur, indifférent au gros nuage gris qu'une bourrasque envoya obstruer le soleil.

Jour après jour, Louis chevaucha le tapis volant qui l'emportait vers l'Antarctique. Il ne buvait plus son deuxième expresso au comptoir du Au bien nommé, mais devant la machine à café de la médiathèque. Le vigile le saluait d'un hochement de tête, le personnel s'était habitué à lui. Il restait toutefois sous la surveillance de la bibliothécaire aux lèvres crispées, dont le chignon en forme d'étron plaisait aux mouches qui venaient y faire un break entre deux rondes aériennes. Après les phases de découverte et d'approfondissement du manchot empereur, de sa vie et de son habitat, vint celle du recrutement. Il devint comme ce chevalier parcourant le monde pour trouver les compagnons propres à l'aider dans sa quête du Graal. Il lui fallut se familiariser avec le commerce dématérialisé. C'est essentiellement sur des sites de petites annonces que Louis trouva des manchots empereurs à vendre, mais aussi sur quelques sites professionnels de taxidermistes ou de commissaires-priseurs. Les sites classaient parfois le manchot empereur dans la rubrique Animaux, sous-rubrique Oiseaux, mais plus souvent dans la rubrique Mobilier, ou même Accessoires, voire Divers ! Des esprits malades tentaient de vendre ceux qu'ils avaient transformés en cendriers sur pattes ou même en lampes, affublés d'une ampoule et d'un abat-jour ! Dans la rubrique

Art et décoration, il tomba sur un spécimen pourvu d'un énorme pénis en silicone ! Abasourdi par cette atteinte sacrilège à l'intégrité physique et morale du manchot empereur, Louis ne put détacher ses yeux de l'animal customisé en sextoy. C'est précisément à cet instant que la bibliothécaire hostile, qui s'était glissée dans la salle informatique, jeta un coup d'œil sur l'écran où s'affichait le manchot bandeur. Son instinct ne l'avait pas trompée ! Un seul regard sur Louis lui avait suffi, le tout premier jour, à le cataloguer comme un possible pervers. Elle avait néanmoins sous-estimé ses connaissances techniques, sans lesquelles il n'aurait pu franchir les filtres de l'ordinateur et accéder à un site de zoophilie. Ce nuisible associait des compétences informatiques hors pair à un vice hors catégorie ! Il amenait le stupre au cœur même du temple municipal de la culture, dans une salle pleine de jeunes innocents ! Il cache bien son talent de hacker, pensa-t-elle haineusement, mieux que son vice qu'elle avait détecté d'emblée. Elle connaissait à présent la nature de ce vice et suffoquait de constater à quelles profondeurs abyssales plongeaient ses anneaux gluants. L'énorme pénis du pingouin la fascinait. Elle le fixa jusqu'à ce qu'il semble encore enfler, crever l'écran et pointer vers elle. Sa gorge s'assécha, ses yeux se voilèrent, ses lèvres s'entrouvrirent. Elle comprit qu'elle avait été repérée, car le pingouin godemicheur fut brusquement remplacé par d'autres pingouins que ne précédait aucun appendice. Cette manœuvre de diversion démontrait la longue expérience du pervers qui surveillait ses arrières, sans doute en utilisant l'écran comme rétroviseur. Elle fila le dénoncer à la directrice, laquelle demanda au responsable de l'informatique de faire l'historique des navigations de l'adhérent 6662 et de remédier aux failles de filtrage. Ignorant son nouveau statut, Louis poursuivait sa quête qui menaçait d'être longue. Les manchots empereurs bien naturalisés, bien conservés et proposés à un prix raisonnable ne couraient pas le Net. Beaucoup étaient mités ou mutilés, d'autres ridiculement présentés sur un cep de vigne. Certaines photos étaient floues ou ne présentaient qu'une seule vue du spécimen proposé à la vente, laissant soupçonner une volonté de masquer son état véritable. Sans compter tous ceux qui n'étaient pas des manchots empereurs, mais des cousins, voire de simples pingouins. Louis n'avait pas d'exigences extravagantes, il souhaitait juste accueillir des manchots empereurs standards, naturalisés en position debout, au garde-à-vous réglementaire comme celui déjà présent dans le grenier-banquise.

La bibliothécaire le surveillait de loin. La zoophilie exotique était un vice répugnant, mais elle sentait que le 6662 pouvait aller beaucoup plus loin dans l'abjection. Elle ne serait pas étonnée qu'il pratique le tourisme sexuel des glaces et fasse des séjours au pôle Nord pour y tripoter des fillettes inuites au fond d'igloos enfumés. Oui, c'est bien le genre, pensa-t-elle, et sans doute a-t-il acquis ses compétences techniques en prison où son assiduité aux ateliers d'informatique lui avait permis d'obtenir une réduction de peine ! C'était là un exemple accablant de la politique pénale scandaleusement laxiste du gouvernement ! Les pervers se perfectionnent en prison, aux frais du contribuable !

Louis reçut sa première recrue par livreur, un mardi matin. Il ouvrit soigneusement le colis, dégageant avec émotion du papier bulle ce compagnon. Il songea au *Var-Matin* défraîchi qui enveloppait son premier manchot empereur, emporté sous le bras comme une vulgaire baguette. Il ne fut pas déçu. Remis d'aplomb, le nouvel arrivant tint un impeccable garde-à-vous, confirmant l'excellente l'impression qu'avait eu Louis en voyant sa photo dans l'annonce du site Toutatouprix. Son plumage n'était pas défraîchi, ses yeux semblaient presque pétiller. Il était légèrement plus grand que son prédécesseur, atteignant 1,18 mètre. Louis le monta sans tarder au grenier-banquise et le positionna aux côtés de son congénère. Assis dans le canapé-iceberg, il contempla longuement ce duo parfaitement accordé. Il envisagea de les numéroter, du premier au dernier arrivé, mais renonça à introduire un classement où devaient régner les conditions naturelles de cordialité et d'égalité d'une manchotière. Ainsi avait-il déjà résisté à la tentation de donner un prénom à son premier compagnon qui ne s'appelait donc pas Pierre. L'essence du manchot empereur devait l'emporter sur l'individu. D'emblée, Louis s'était élevé à ces sommets où règne l'amour le plus épuré, l'amour à l'état gazeux. Le grenier-banquise était la cloche sous laquelle se concentrait ce gaz rare qu'avec délectation il respirait. L'amour est un dealer redoutable qui rend addictes ses victimes. Louis devint un junkie d'amour. Il lui fallait déjà sa dose quotidienne de manchot empereur. Avec ce second compagnon, il augmenta son accoutumance.

Jour après jour, ignorant le regard devenu inexplicablement hostile du vigile, ceux curieusement fuyants des bibliothécaires, Louis poursuivit son recrutement. Sans le savoir il suivit ce mot d'ordre de maints films d'action réalisés sur le modèle des *Sept Samouraïs* : il faut monter une équipe ! Il se montra exigeant, téléphonant aux vendeurs pour qu'ils lui envoient des photos montrant leurs manchots empereurs sous tous les angles et dans une bonne lumière. Il ne voulait pas d'éclopés, de plumages râpés, de becs fêlés. Les colis postaux se succédèrent, le grenier-banquise se peupla, la pression en gaz rare y augmenta. Et puis un jour, après l'ultime livraison, l'effectif fut au complet. Mission accomplie. Louis avait donné onze compagnons au Flamand, comme il se laissait parfois à nommer le premier occupant des lieux malgré sa décision de ne pas les individualiser. Douze manchots empereurs peuplaient désormais le grenier-banquise. Trop de recrues auraient nui à l'équilibre visuel et pour ainsi dire stratégique de cette Dream Team parvenue à sa masse idéale. Le grenier-banquise n'était plus l'endroit où l'on met le passé au rancart, mais un cocon où bouillonne le présent et fermente l'avenir.

Louis n'était pas un collectionneur mû par un désir d'exhaustivité mais un vieil homme méditatif ayant trouvé son totem. Lise encore vivante, aurait-il eu des réserves d'amour à consacrer au manchot empereur ? Père, ne se serait-il pas plutôt consacré à ses enfants puis à ses petits-enfants ? N'aurait-il pas plutôt installé une maison de poupées ou un chemin de fer électrique, transformant le grenier en plaque ferroviaire où des trains se seraient croisés, s'engouffrant dans des tunnels pour ressortir sur des ponts suspendus ? Se prenant de passion pour les trains, devenu trainspotter, ferrophile, sidérodromophile, il n'aurait pas rêvé de traîneaux et de motoneiges, mais de locomotives, de wagons, de panneaux de signalisation, d'aiguillages sophistiqués. Il n'aurait pas surfé sur les glaces du cap Washington et des îles Dion mais sur les traces ferrées de la Central Pacific en Californie, de l'Union Pacific dans le Nebraska. Abonné à *La Vie du rail*, à *Rail Hebdo* ou à *Ferrovissime*, il n'aurait pas recruté des manchots empereurs mais acquis des modèles réduits de trains. Il n'aurait pas su distinguer les nombreuses espèces de manchots peuplant la planète (du moins au plus frileux : le manchot empereur, le manchot Adélie, le manchot chinstrap, le manchot gentoo, le manchot northern rockhopper, le manchot macaroni, le manchot royal, le manchot little blue, le manchot snares crested, le manchot erect crested, le manchot fjordland crested, le manchot yellow-eyed, le manchot de Humboldt, le manchot de Magellan, le manchot des Galápagos, le manchot du Cap (alias manchot africain), le manchot papou, le manchot gorfou, le manchot à jugulaire...), mais pénétré dans l'univers non moins foisonnant des locomotives (American, Mikado, Consolidation...). Sans doute se serait-il mis en quête d'un modèle rarissime fabriqué à quelques exemplaires du temps où les bisons étaient tirés depuis les wagons pour meubler un trajet un peu long. Son Graal aurait pu être une locomotive soviétique ayant l'étonnante caractéristique de produire un panache de fumée s'étranglant vers le milieu dans les montées supérieures à 7 % comme seuls l'auraient su les très très fins connaisseurs. Il n'existe aucun mensuel du manchot empereur, aucun périodique qui lui soit consacré. Louis n'est pas un suiveur mais un bâtisseur. Un fondateur.

Lise avait été la femme de sa vie, le manchot empereur serait le compagnon de sa fin de vie. Toute autre créature trouvée dans l'armoire flamande l'aurait laissé indifférent. Il n'aurait pas aménagé un grenier-désert et un canapé-dune pour le renard des sables. Pourquoi le manchot empereur plutôt qu'un autre ? Pourquoi pas le hérisson, la chouette hulotte ou, si l'on tient absolument aux pôles, le hibou des neiges ? Absent des contes que lui lisait sa mère, le manchot empereur n'a jamais hanté l'imaginaire du petit Louis. Il a été universellement boycotté. Son casier littéraire est vierge. Les écrivains voyageurs ont voyagé pour rien puisque revenus sans lui dans leurs journaux. Tous les courants littéraires semblent avoir été pris dans les glaces avant d'arriver jusqu'à lui. Et si l'on comprend qu'il n'a rien à faire dans un western, comment justifier une Nouvelle Vague capable de le laisser sur son rivage, lui qui crève l'écran sans faire un seul geste ? Ayant suivi une formation aux métiers de l'image plutôt qu'aux métiers de la viande, Louis aurait réalisé *Seigneur des pôles*, saga tournée en décors naturels, caméra à l'épaule, noir et blanc de rigueur, animaux acteurs non professionnels, scénario écrit à la main, ni trucage ni maquillage, décentrages et plans serrés pour saisir la réalité, rien que la réalité, toute la réalité. Ce film aurait été l'exact l'opposé de ces documentaires où le manchot empereur est traité comme un simple figurant, un second rôle dans une ode à la technologie numérique. Loin de rendre justice au manchot empereur, ces documentaires semblent n'être réalisés que pour permettre au réalisateur de gloser sur les difficultés de tournage. Censés présenter ses qualités hors du commun, lesquelles culminent dans sa longue marche vers ses zones de couvaison et dans son long jeûne aux confins du froid, ces films semblent plutôt montrer la déportation de pauvres hères en route vers un goulag. Non pas un impérial seigneur des glaces, mais un pathétique prolétaire du froid. Ainsi ces documentaires révèlent-ils l'inconscient de l'humanité qui, se sachant responsable de la fonte des glaces, en veut au manchot empereur d'en être victime et aimerait bien le déporter loin des pôles, loin de sa conscience. C'est pour son bien, argumenterait la version officielle, ce n'est pas une expulsion mais un principe de précaution, un relogement dans une région plus tempérée. Il s'agit de l'extraire de la banquise avant qu'elle ne devienne un gigantesque pédiluve, préciseraient les éléments de langage. Déporté en Australie, le manchot empereur regarderait passer les boomerangs, pas plus troublé que ça, on connaît sa stabilité émotionnelle. Cohabiter avec le paisible koala lui conviendrait, mais où trouver du poisson en attendant d'aimer les feuilles d'eucalyptus ? Où trouver un courant d'air frais ?

Au plus fort de la chaleur, quand le soleil semblait s'être assis sur le toit du pavillon, Louis claquait des dents. Par souci de cohérence et par empathie avec la Dream Team, il avait réfrigéré le grenier-banquise. Ne recherchant pas le confort climatique mais un froid professionnel, celui dont le manchot empereur fait son métier (le métier de vivre), Louis s'était adressé à la société toujours active qui avait installé la chambre froide dans la boutique de la rue Lavoisier. En plein mois d'août, boots aux pieds, vêtu de laine polaire, d'un anorak, coiffé d'un bonnet Thermoplus et portant des moufles, il s'installait dans le canapé-iceberg. Là, en compagnie de la Dream Team, il respirait avec délectation le gaz rare de l'amour. Le silence était parfait. Les mouches avaient fui le froid démentiel de cet endroit autrefois si douillet. Enfoncé dans les coussins couleur vanille, il aimait méditer sur l'exploit inouï et pourtant commun du manchot empereur qui prospère là où les autres créatures ne font que survivre. Il passait de longues heures dans le vaste espace immaculé, percé du vif rectangle des velux où le bourdonnement de la climatisation offrait une bande-son au ballet des mouches provençales affolées de chaleur, de l'autre côté du vitrage. Au rayon bruitages, bruits naturels de la médiathèque, il avait découvert plusieurs enregistrements qu'il écoutait dans le grenier-banquise réfrigéré et désormais sonorisé : le cri nuptial du manchot empereur, craquements d'icebergs.

Après des mois de recherches assidues, ayant échappé aux escrocs qui voulaient lui faire prendre les pingouins pour des manchots empereurs et lui auraient procuré une cour des miracles plutôt qu'une Dream Team, Louis avait donc mené à bien sa mission. Il pouvait légitimement être satisfait et même comblé. Le grenier-banquise était une réussite, ses occupants s'y plaisaient. Pourtant il n'était pas heureux. Pas vraiment. C'est-à-dire qu'il l'était, mais pas absolument. Pourquoi ? Aucune perte d'étanchéité n'était à signaler dans le grenier-banquise où la pression en gaz rare se maintenait à un niveau optimal. Aucune des onze recrues ne l'avait déçu en révélant sur le tard un vice caché. Pas de Judas à signaler. Mais la courbe ascendante de sa toute fraîche sérénité, attestée par sa maîtrise croissante du yoga du froid, se stabilisa puis commença à fléchir. Louis aimait et donc se faisait du souci. Sa récente prise de conscience du réchauffement climatique le taraudait. Certes, une bonne partie de l'humanité partageait son inquiétude mais, contrairement à lui, n'en faisait pas une affaire personnelle. Lors de ses recherches à la médiathèque, Louis avait découvert l'existence et les premiers effets avérés du réchauffement, dont le rétrécissement de la patrie du manchot empereur. Bien sûr, comme tout le monde, il avait entendu parler de la fonte des glaces. Comme tout le monde aussi, la chose ne perturbait pas suffisamment son quotidien pour qu'il se sente vraiment concerné. L'irruption dans sa vie du manchot empereur avait changé les choses. Regardant la Dream Team comme un passionné d'échecs scrute l'échiquier afin d'offrir à chaque pièce la meilleure position possible dans l'intérêt de l'ensemble, Louis se laissait envahir par des visions de catastrophe. Il sentait la glace se dérober sous les pieds du dernier manchot empereur qui mourrait debout, au garde-à-vous dans la boue. Lui que le blizzard n'enrhumait pas, il crachoterait, traînant ses guêtres dans la gadoue, petit vieux au plastron démodé, en route pour rejoindre le mammouth, le rhinocéros laineux et tous ceux exterminés à l'époque où l'humanité débutait modestement son œuvre avec quelques feux de camp en attendant de faire mieux.

Quand la banquise sera devenue un immense marais verdâtre, le dernier manchot empereur hissera le drapeau blanc, ultime carré de résistance à la couleur.

Malgré son équipement et son thermos, Louis finissait par avoir très froid. Curieusement, c'est alors que ses neurones s'emballaient. Leurs entrechoquements produisaient des étincelles qui titillaient son imaginaire. Des idées lui venaient mais le froid qui en était à l'origine les annihilait aussitôt. Ainsi Louis ressentait-il un sentiment de frustration particulièrement compliqué. Renonçant à saisir ces illuminations pareilles à d'insaisissables feux follets, il se levait en se frottant les moufles. Il tapait des boots sur le plancher et regardait avec envie le soleil flotter par-dessus les toits. Puis, se sentant observé par les douze regards de la Dream Team, il tournait le dos au velux dont la clarté lui recommandait chaudement de quitter le grenier-banquise. Pour ne pas céder aux tentations extérieures et se réchauffer en se donnant un peu d'exercice, il reconfigurait la Dream Team. Avec la plus grande précaution, manipulant chaque manchot empereur avec délicatesse, il les repositionnait selon quelques schémas récurrents : en spirale stellaire, le Flamand étant le cœur de cette petite mais dense constellation du manchot empereur ; en pack, compact comme celui du RC Toulon, chaque membre de l'équipe prenant son tour en bordure du groupe afin de participer au front commun contre l'adversité ; en cercle, pour le plaisir un peu narcissique qu'éprouvait Louis à s'y tenir au centre. S'étant ainsi réchauffé l'âme et les os au contact de la Dream Team, il retournait au canapé-iceberg et reprenait le cours de ses réflexions. Comment sauver le manchot empereur de la fonte des glaces ? Comment stopper la décongélation de son horizon familier ?

Sa conscience s'élargissant grâce au yoga du froid, il découvrit avec amertume que lui-même contribuait à paver l'enfer écologique. À l'exception du Flamand, transporté selon le plus écologique des modes de locomotion, tous les membres de la Dream Team avaient été acheminés par des camions émetteurs de gaz méphistophéliques. La réfrigération du grenier-banquise consommait énormément d'énergie. Louis était probe, il ne se chercha pas d'excuses en arguant que cette température polaire protégeait l'intégrité physique de la Dream Team en éradiquant toute mite assez imprudente pour pénétrer dans ce biotope à l'accès réservé aux seuls amis du manchot empereur, c'est-à-dire à lui-même.

Une nuit, il se réveilla en tremblant. Il crut s'être endormi dans le grenier-banquise mais se rassura en constatant qu'il se trouvait dans son lit.

Il avait rêvé. Ce n'était pas dans ses habitudes, il avait toujours eu un sommeil d'airain, mais son inconscient n'échappait pas à la règle et ressemblait à une chambre d'adolescent : c'est le foutoir, mais tout y est. C'était un rêve loufoque et accablant : le Flamand, revenu à la vie, cheminait avec une cigogne sur une banquise en voie de liquéfaction. Il pâtissait de ses courtes pattes et son ventre traînait dans la boue. Il était clairement condamné. Aucune mutation soudaine ne le reconvertirait en échassier. Il ne restait aux amis du manchot empereur qu'à mettre en place une cellule de soutien psychologique puis à organiser une marche blanche en mémoire du défunt.

Il descendit à la cuisine où il but un verre d'eau pour se remettre de ce cauchemar. Il le vida à petites gorgées, regardant sans vraiment la voir la chaise où il s'asseyait trois fois par jour, les champs de lavande où il passait l'éponge avec un geste d'essuie-glace depuis plusieurs décennies. Encore un peu ballotté dans le sillage du cauchemar, il se versa un second verre d'eau en y ajoutant un glaçon qui craqua puis fondit rapidement. Comment ne pas penser alors aux craquements et à la fonte de la banquise? Louis y pensa. Son moral s'effondra. Il regagna son lit en songeant que c'était foutu. Même si la sélection naturelle ou les biotechnologies créaient des manchots empereurs à longues pattes, cela ne ferait que prolonger l'agonie de l'espèce car s'adapter aux nouvelles conditions de circulation dans la neige vaseuse ne suffirait pas. Des réactions en chaîne s'ensuivraient nécessairement. Même l'imaginaire n'échappe pas aux cercles vicieux. Louis pensa aux œufs, couvés sur le dessus des pattes. Celles-ci transformées en échasses, le mâle prendrait inéluctablement ses distances avec sa progéniture et ne pourrait plus la couver, ni du ventre ni du regard. Or, loin des yeux, loin du cœur. Privé de chaleur et d'amour avant même d'être sorti de l'œuf, que deviendrait le petit manchot empereur ? Si quelques centimètres d'anatomie peuvent changer le cours du monde, comme l'avait pressenti la nourrice de Cléopâtre, ils pourraient aussi briser net le destin du manchot empereur.

Louis se faisait donc du souci, beaucoup de souci. Plus il s'informait, plus le dossier s'épaississait et plus les charges pesant sur l'avenir de la banquise s'alourdissaient, d'où ses craquements croissants. L'inquiétude le tenaillait. Amer, il comparait la tranquille perfection du manchot empereur aux dangereux travers de sa propre espèce, capable d'inventer des machines telles que l'insurpassable Clinencourt électrique, trois vitesses et tout alu, mais incapable de vivre sans empoisonner l'existence des autres en sus de la sienne. L'homme découpe la couche d'ozone, touille des neutrons dans des marmites en béton, substitue hormones et pesticides à la patience. Louis se rendait à l'évidence, son espèce est bien la seule à habiter le monde tout en s'en croyant extérieure. Infiniment plus sage, le manchot empereur n'use pas de sa position excentrée pour développer la redoutable excentricité de se croire roi en dehors de l'échiquier et de ses règles. Aussi stable dans sa tête que sur la glace, il suit sans faillir la direction pointée par son bec. Toutefois, bien que passant beaucoup de temps dans le grenier-banquise, Louis gardait un avis tempéré et ne mettait pas toute l'humanité dans le même sac. Ainsi pensait-il avec estime, et, peut-être, une pointe de jalousie, aux Inuits qui vivent dans des contrées semblables à celles du manchot empereur. Les documentaires lui avaient appris à aimer ce peuple qui dort dans de l'eau gelée et navigue sur de la glace fondue. Faute d'arbres, l'Inuit ne déboise pas ; faute de terre, il ne défriche pas ; préservé de la pression publicitaire, il consomme peu. Son empreinte carbone est nulle mais immense son empreinte spirituelle. Louis ne doute pas que les chasseurs inuits s'abstiendraient de prendre pour cible le manchot empereur s'ils vivaient dans le même hémisphère et partageaient les mêmes glaces. Il n'y aurait pas de viande de banquise, équivalent polaire de la viande de brousse. Ils cohabiteraient pacifiquement. Tout comme l'Inuit, le manchot empereur est un introverti. Aucun ne fait du tapage pour se sentir exister. Tous deux sont des enfants du froid qui vivent dans un univers en sursis. Car ils sont là, les Envahisseurs, venus de la même planète mais d'un autre univers, l'univers du déchet, du rejet, de la consommation, de la pollution. Les Envahisseurs sapent les plus intimes fondements de l'existence polaire, sans hostilité, inéluctablement.

Le grenier-banquise était un îlot perdu dans un océan d'aveuglement. Louis, un Robinson sans perroquet quoique riche en compagnons exotiques. Il ne laisserait jamais pénétrer quiconque dans cette ambassade du froid dont personne ne comprendrait que son aménagement et son occupation par la Dream Team ne sont rien de moins que l'aménagement d'une existence et l'occupation d'un cœur. Les plus compréhensifs des éventuels témoins parleraient d'originalité, les autres de dégénérescence cérébrale, mais pour tous il deviendrait le vieux aux pingouins ou le fada du frigo. Louis a conscience d'être un Élu. Il a été choisi entre tous. Il n'en tire aucune fierté mais n'a aucune illusion, cette élection le condamne à la solitude. Comment pourrait-il en être autrement quand les hommes ignorent le manchot empereur mais s'offrent en esclavage au chien, allant jusqu'à ramasser ses crottes et le coucher non seulement dans leurs lits mais aussi dans leurs testaments ? Là encore les Inuits sauvent l'honneur de l'espèce humaine car s'ils utilisent les chiens pour tirer leurs traîneaux, jamais ils ne s'acoquinent avec eux. Ils ne les acceptent pas dans leurs igloos et se contentent de les nourrir en échange d'un travail, d'ailleurs effectué de mauvaise grâce. Loup dégénéré, le chien de traîneau souffle et grogne, répand la bave et la puanteur autour de lui. Incapable de collaborer avec ses pareils sans le fouet, ambitieux et agressif, il ne veut rien d'autre que dévorer gloutonnement de la viande encore gelée, se dépêchant d'engloutir sa part pour aller voler celle du voisin. Jaloux, il ambitionne de devenir chien de tête pour mettre son anus sous le museau de ses subordonnés d'attelage. L'invraisemblable diversité des races canines démontre un manque fondamental de tenue. Le chien a une fâcheuse tendance à ne pas rester en place, ne serait-ce que dans son propre corps dont il change les plans à la légère, quitte à mal respirer du fait d'un museau écrasé en accordéon ou à frôler l'arrêt cardiaque à chaque pas à cause d'un organisme adapté aux seules dimensions des trottoirs et des deux-pièces. Le chien n'est constant que dans sa capacité de nuisance. Dans toutes ses versions il pisse et crotte avec ardeur, n'ayant pour concurrent sérieux que le pigeon, et aboie sans retenue, par quoi il surpasse ce dernier en nuisibilité. Il conjugue pollution sonore et pollution terrestre. Mouillé, il empeste. Sec, il pue. Jeune, il n'est pas joueur mais énervé. Adulte, il joue avec les nerfs du voisinage. Il agresse les facteurs mais ne remarque pas les cambrioleurs. Incapable d'évoluer, il déteste les chats mais n'a jamais appris à grimper aux arbres. Un Livre noir des canidés, un catalogue des troubles canins à l'ordre, à la sécurité, à la tranquillité et à la propreté publics comporteraient de nombreux tomes. Dans sa version sauvage, livré à lui-même, le chien tourne carrément dingo. Un chien sans puces reste un chien à naître. Le chien est le couteau suisse de la malfaisance. Il ne lui manque que la parole pour être encore pire. Alors, il serait humain, à la façon d'un Brisson. De plus, tout chien est possédé par la passion olfactive du cul de ses congénères. Le chien est troubadour par nature : trou-baïdour ou barde du trou (vieux Breton, attesté dès le XIe siècle).

Les chiots aux chiottes ! Exemple de slogan qui devrait être scandé dans des manifestations de masse, devenir le mot d'ordre de printemps anticanins si l'humanité décidait enfin de mettre un terme à cette sujétion amorcée dès l'âge de pierre. Mais le chien ne desserrera pas les immondes mâchoires qu'il a refermées sur les consciences.

L'aveuglement et l'injustice humains sont sans limites : des croquettes élaborées par des nutritionnistes pour le chien, la fonte des glaces pour le manchot empereur !

En apparence, Louis restait égal à lui-même. Il présentait la même silhouette rebondie, le même visage débonnaire, et dodelinait de la tête selon une amplitude standardisée. Personne ne remarqua qu'il changeait en profondeur et que ses dodelinements colonisaient de nouvelles orbites. Les étreintes prolongées du froid avaient progressivement tourné son regard vers l'intérieur. Aiguisé par le yoga du froid, son esprit voyageait dans l'espace et dans le temps. Avare en contorsions, basé sur l'empathie avec la Dream Team et sur la maîtrise des claquements de dents, le yoga du froid lui fit comprendre que la méditation enveloppe le réel mais que seule l'action le façonne. Ainsi monta en lui une frustration persillée d'inquiétude. Il aurait eu du mal à l'exprimer, sinon en la comparant avec cette sensation d'inabouti que suscitait jadis l'assaisonnement imparfait d'un pâté en croûte.

Chaque jour, pareil à un sportif s'équipant pour l'entraînement, Louis accomplissait avec concentration le rituel de l'habillage. Le palier servait de vestiaire. Il échangeait bermuda, chemisette et tongs contre laine polaire, moufles, bonnet Thermoplus et boots fourrées. Le manchot empereur ne cessait de l'étonner, comme jamais ne l'étonna le porc bien qu'il admirât son infinie propension à se plier aux goûts de son principal prédateur, ne gardant pour son usage personnel aucune des parties d'un corps entièrement dévoué à la cause charcutière. Ses séjours dans le grenier-banquise régénéraient Louis, mais ces états de grâce ne duraient pas. Peu après sa sortie de l'enclave polaire, Louis sentait reprendre en lui le funeste goutte à goutte de la fonte des glaces passagèrement suspendu par sa séance de yoga du froid. C'est avec stupéfaction qu'il songeait parfois que quelques semaines plus tôt, la fonte des glaces et le réchauffement climatique qu'évoquaient parfois le journal télévisé ou *Var-Matin* ne lui faisaient d'autre effet que lui rappeler qu'il fallait dégivrer son réfrigérateur ou remettre un glaçon dans son Cinzano tiédissant. Purifié par le yoga du froid, embaumé de gaz rare, son esprit vibrait désormais en mode stroboscopique. Louis était sur la même longueur d'onde que la planète.

Il lui arrivait de s'endormir dans le canapé-iceberg et de se réveiller dans l'obscurité. La nuit était tombée sur Toulon, les yeux de la Dream Team scintillaient doucement. À moitié gelé, il contemplait alors le carré de ciel découpé par le velux. Les étoiles étaient des flocons de neige, Bételgeuse rimait avec neigeuse, la Grande Ourse Blanche lui souriait. Des glaces éternelles vernissaient la Voie lactée, et lui, Louis, se fondait dans l'univers. C'est lors d'un de ces sommes impromptus qu'il fit le rêve par quoi il passa du stade de la contemplation à celui de l'action.

Lise et lui s'étaient installés sur les hauteurs rocheuses de la Calebasse où ils aimaient pique-niquer, dégustant des tartines aux rillettes face à la Méditerranée. L'endroit était beau et aride. Des gisements d'ocres coloraient un maquis troué de grottes qui avaient été alternativement occupées par *Homo neandertalensis* et par *Homo sapiens*. Ce dernier était plus sautillant, doté d'un cerveau prompt à l'enregistrement, capable de retours en arrière, d'interrogatifs arrêts sur image ou encore de lectures rapides; il haussait volontiers le sourcil qu'aucun bourrelet suborbital ne figeait en position pause. Sans doute d'hésitants gosiers remplirent-ils ces cavités rocheuses de psalmodies rugueuses, ancêtres grognonnes du gospel. Louis se leva pour chercher le cours d'eau qu'il entendait murmurer.

Il y mettrait à rafraîchir le petit côtes-du-ventoux qu'il gardait pour le fromage. Lise, allongée sur le dos, les bras en croix, offerte au soleil, faisait la planche entre terre et ciel. Louis ne trouva pas le ruisseau mais découvrit un trou mal dissimulé par un buisson. Posant soigneusement sa bouteille contre le tronc d'un chêne vert, il s'engagea dans la cavité avec cette facilité que donnent les rêves. Peu filiforme, Zippo plutôt qu'allumette, il s'y glissa néanmoins avec aisance, se faisant liquide pour passer les goulots rocheux, élastique pour franchir les escarpements. En toute logique, il s'enfonça dans le boyau comme dans un rêve. Le passage se resserra, mais Louis poursuivit sa descente. Il sentit le silence s'élargir et alluma sa lampe torche (le rêve pourvoit à ses propres besoins comme une locomotive posant ses rails au fur et à mesure de son avancée). Le large pinceau lumineux fit apparaître des petits chevaux, une sorte de bœuf et un manchot (ou un pingouin ?). Hauteur sous plafond, moulures, volumes, peintures anciennes, légère odeur de moisi, fraîcheur des grands espaces longtemps inoccupés. Murs taillés dans le roc, authenticité, calme et caractère garantis. Loft brut de décoffrage pour artistes précurseurs. C'était un trou préhistorique. Une grotte. Mieux qu'un ruisseau, Louis avait trouvé une cave idéale pour garder le rosé au frais, quoique assez difficile d'accès.

La lampe torche se transforma en un bâton enduit de résine de pin enflammée qu'il brandit à bout de bras. Sa clarté vacillante et son grésillement de vieil enregistrement mono accompagnèrent le tressautement des images d'un vieux film muet sur les origines de l'art, projeté à même le mur. Seul le manchot restait parfaitement stable, installé dans une orbite spatio-temporelle différente de celle où vieux chevaux et vieils aurochs sucraient les fraises. Il était également le seul d'où émanaient de curieux pointillés, en cercles concentriques comme ceux qui représentent les ondes radio dans les bandes dessinées. Louis hésita entre pingouin et manchot avant de trancher en faveur du manchot bien que les anciens pingouins aient certainement été plus gros que les manchots empereurs contemporains ; sans doute, dans leur vigueur préhistorique, devaient-ils atteindre la taille d'un petit ours moderne. Louis ignorait que l'ancêtre commun du pingouin et du manchot empereur (*Icadyptes salasi*) mesurait un mètre cinquante et se précédait d'un long bec de cigogne. Figé torche en main comme la Statue de la Liberté, il fit face au fondateur de la lignée dont la plus belle branche se fleurirait du manchot empereur, joyau des glaces. On supporterait une petite laine, dit-il en tapotant le dos de sa main droite avec la paume de sa main gauche. Poursuivant l'exploration de la grotte il découvrit dans un recoin obscur, débusqué par sa torche crachotante, la silhouette d'un canidé esquissée d'une main hésitante. Contrairement aux autres peintures, rutilantes d'ocres chaleureux, celle-ci était tracée au charbon de bois. L'artiste, clairvoyant malgré le contexte caverneux, ne supposait pas d'âme au chien (à moins qu'il ne la suppose noire, d'où l'usage du charbon), seul parmi les carnivores à préférer la mendicité à la chasse. *Homo sapiens* avait été rapidement parasité par le canidé originel, prompt à s'incruster près des feux de camp en exhibant des yeux de chien battu et cette sournoise posture de soumission qui lui ouvrit les cœurs puis les lits et enfin les testaments des humains.

C'est alors que Louis fut réveillé par les aboiements d'un des innombrables chiens du quartier. Les autres ne tardèrent pas à lui répondre. Ce fut comme la bande-son de l'enfer. Son esprit resta quelques instants pris en otage entre rêve et réalité. Il crut d'abord qu'il tremblait de froid dans la grotte aux peintures avant de réaliser où il se trouvait. Il quitta le grenier-banquise et mit longtemps à se réchauffer, longtemps à se rendormir.

À son réveil, après ce téméraire séjour dans les cavernes du temps, Louis se sentit une âme d'explorateur. Le moment de passer à l'action était arrivé ! Après son premier expresso, il fonça à la médiathèque pour préparer le long voyage qui le conduirait dans la patrie du manchot empereur. Il devait décider de sa destination précise, s'informer sur les routings et les tarifs, se faire délivrer un passeport, se renseigner sur les visas, choisir un lieu d'hébergement, un guide, réserver ses vols. Louis prépara minutieusement son voyage sous la surveillance aiguë de la bibliothécaire. Il partirait de l'aéroport de Toulon-Hyères pour celui de Roissy-Charles-de-Gaulle d'où il bondirait vers Ushuaïa. Là, il prendrait un vol intérieur pour le royaume des glaces. La recherche d'un endroit où se loger et d'un guide s'avéra délicate. Il se laissa convaincre par le site Ivaluardjuk.com. Les locaux semblaient peu confortables mais se trouvaient non loin d'une forte colonie de manchots empereurs. De plus, Ivaluardjuk était un Inuit. Louis se demanda ce que faisait un Inuit sur des glaces certes semblables aux siennes mais qui se trouvaient dans l'autre hémisphère. La page d'accueil du site le présentait debout dans la neige, près d'une motoneige. Il ne souriait pas, ce qui plut à Louis.

Les avertissements relatifs aux éprouvantes conditions climatiques le laissèrent de glace. Vétéran de nombreuses campagnes dans le grenier-banquise, il se sentait capable d'aller affronter le froid sur ses terres. Dès lors, tout alla très vite. Trois semaines plus tard il fit ses adieux à la Dream

Team et ferma à double tour la porte du grenier-banquise. Il avala sa salive tandis que l'Airbus A330 prenait de la vitesse sur la piste de l'aéroport de Toulon-Hyères.

Louis regarda l'hôtesse de l'air mimer en souriant les derniers gestes à faire avant de mourir dans un crash. Il se contraignit ensuite à mâchonner trois lamelles de chair sous cellophane tout en observant d'un œil incrédule les nuages qui moutonnaient sous ses pieds. Il pensa à cette banale expression des bulletins météo : couverture nuageuse. De son actuel point de vue la couverture nuageuse était un tapis nuageux, certes très beau mais qui lui cachait le paysage et lui rappelait que les catastrophes aériennes n'arrivent pas qu'aux autres. Ce voyage était non seulement un peu haut, songea-t-il après quelques heures de vol, mais surtout un peu long. Il s'occupa en dodelinant de la tête tout en regardant de temps à autre par le hublot. Les nuages firent place à l'Océan. Un engourdissement généralisé l'avait gagné lorsque apparurent enfin de grandes plaines enneigées, des fleuves charriant des glaçons géants, énormes blocs de lumière gelée. Louis sentit monter jusqu'à lui le silence polaire, énorme, massif.

L'avion se posa en douceur à Ushuaïa. Son train d'atterrissage toucha le tarmacadam avec des couinements de souris. Louis disposait d'un peu de temps avant de prendre sa correspondance. Il regarda le tapis roulant encombré de sacs et valises d'un œil soupçonneux. Il n'avait qu'un seul bagage de soute mais énorme, qui contenait son équipement habituel, testé avec succès dans le grenier-banquise, complété par une combinaison thermique toute neuve, orange fluo. Louis ignorait que cette couleur était à l'origine de la mort par éléphant de son père, la veuve n'ayant pas jugé utile d'entrer dans les détails lorsqu'elle avait raconté ce drame à l'orphelin. Il récupéra son bagage qu'il fit rouler jusqu'à un présentoir de cartes postales majoritairement lacustres ou enneigées. Dodelinant de la tête devant cet entassement de paysages, il regretta de n'avoir personne à qui adresser une de ces images, timbrée d'une montagne ou d'une étendue d'eau. L'idée ne lui vint pas de s'écrire à lui-même, notant ses impressions pour les lire à son retour et mesurer ainsi ce qui séparait les deux Louis, celui en voyage et celui de retour de voyage. Mais peu de personnes pratiquent l'onanisme postal. Ami, cousin, voisin, ancien collègue ou client, non, vraiment, personne n'aurait pu recevoir sans étonnement une carte postale venant de lui. Elle serait venue de bien trop loin. De trop loin dans le temps. Lui-même ne recevait que d'anonymes prospectus, publicités et offres diverses qui s'accumulaient dans sa boîte à lettres avec l'obtus entêtement des feuilles mortes au pied des arbres en automne. Il regretta de ne pas disposer d'un dispositif plus efficace que l'autocollant décoloré PAS DE PUBLICITÉ MERCI apposé sur sa boîte à lettres pavillonnaire, aussi inopérant qu'un panneau demandant de ne pas nourrir cygnes et canards dans un jardin public. Après la mort de Lise, Louis s'était laissé glisser sur la molle pente des jours qui se succèdent. Vivre depuis plusieurs décennies dans le même quartier l'avait préservé d'un ensauvagement excessif. Il saluait et échangeait quelques mots avec une dizaine de personnes, essentiellement des commerçants, des voisins, le patron et les habitués du Au bien nommé. Mais il ne se faisait aucune nouvelle connaissance et ce capital social lentement s'effritait. La faillite relationnelle menaçait. N'avoir personne à qui écrire le fit songer à sa Dream Team. D'une certaine manière il voyageait pour elle, par procuration. Il ne pouvait certes pas lui adresser de carte postale, mais il pouvait penser à elle. Il y pensa.

Deux heures plus tard, il embarquait dans un appareil à hélices au fuselage chromé. Ce second trajet fut bien plus court que le premier et Louis contempla longuement le cercle étincelant des hélices de l'aile gauche qui lui rappelait la belle mécanique de la Clinencourt électrique, trois vitesses et tout alu. La souris se fit à nouveau entendre, sur une fréquence plus aiguë. Ayant récupéré son bagage géant, Louis passa les contrôles et se vit flotter dans la zone publique de l'aéroport ! Le yoga du froid ne conduisant ni à la lévitation ni au dédoublement, ce n'est pas son corps qui flottait, mais son nom. Une demi-douzaine d'autres voyageurs flottaient à ses côtés sur des rectangles où s'inscrivaient leurs noms respectifs, brandis par divers accueillants. Cela faisait comme un petit groupe de très paisibles manifestants dont aucun n'aurait exprimé la même chose. Il fut légèrement déçu en voyant qui le portait ainsi à bout de bras. Petit, trapu, yeux bridés et pommettes hautes, Ivaluardjuk était incontestablement un Inuit, mais vêtu comme un bûcheron canadien. Une partie de Louis aurait sans doute aimé le voir enveloppé de peau de phoque bien qu'il sache que les Inuits ne s'habillent en Inuits que pour les touristes ou lors de rares cérémonies, pour les moins déculturés. De plus, Ivaluardjuk était un expatrié, peut-être le seul Inuit de l'hémisphère sud. Ce léger désappointement se dissipa sous le sourire rayonnant de son hôte et guide. Pour la première fois de sa vie, Louis s'adressa à un tiers en anglais. Il s'étonna d'être compris et de comprendre les quelques paroles de bienvenue que lui adressa Ivaluardjuk.

Tapi derrière les portes de l'aéroport, l'Antarctique se jeta au cou de Louis que son grenier-banquise avait habitué à un froid moins démonstratif. Il s'était pourtant équipé et étrennait sa combinaison qui le faisait ressembler à un détenu de Guantánamo en cavale. Ivaluardjuk le conduisit à un parking où des poteaux de bois aux extrémités cerclées de rouge remplaçaient le traçage au sol, la neige recouvrant tout. Ses yeux s'embuèrent de larmes glacées au travers desquelles il discerna deux motoneiges et leurs remorques. Les choses se précisaient. Le ciel était aussi bleu que celui de Toulon, mais de cette pureté glaciale propre au regard des fanatiques. Ivaluardjuk le fit tourner en rond sur le parking pour qu'il se familiarise avec l'engin. Louis fit une dizaine de tours comme s'il était sur un manège. L'engin se pilotait facilement et Ivaluardjuk ne tarda pas à donner le signal du départ.

Ils glissèrent longtemps sur la neige crissante, le Toulonnais dans les traces de l'Inuit. Les motoneiges progressaient à faible allure mais suffisamment vite pour porter à son comble la sensation de froid. D'abord soulagé de ne plus claquer des dents, Louis finit par redouter que le gel n'ait collé ses mâchoires. S'il n'avait pas été dûment informé, jamais il n'aurait cru à un quelconque réchauffement climatique. Pas là, pas en ce moment. Il découvrit ce qu'est vraiment le froid : le cinquième élément. Le soleil était curieusement blanc, comme si l'Antarctique ne le tolérait qu'à la condition qu'il reste l'ombre de lui-même et lui fasse allégeance en revêtant la livrée locale. Très vite, Louis ne pensa plus. Il n'eut même plus froid puisqu'il s'était fondu dans le froid, transformé en un morceau de froid posé sur un siège de motoneige. Il courba l'échine, fit le dos rond, grosse mandarine dont l'orange éclatant faisait tache dans le paysage. Ivaluardjuk se retournait régulièrement en faisant un signe de la main auquel Louis répondit à l'identique tant qu'il put lever le bras. Il se concentra sur la poignée des gaz qu'il ne sentait plus, afin de maintenir la motoneige à la bonne allure. À la médiathèque de Toulon, alors qu'il consultait cartes et atlas, il s'était convaincu que l'Antarctique, situé au pôle Sud, devait être moins froid que l'Arctique, synonyme de pôle Nord, comme le Var est moins froid que le Pas-de-Calais, l'Europe du Sud moins froide que celle du Nord. La chose l'avait légèrement déçu, il aurait préféré que le manchot empereur vive en Arctique plutôt qu'en Antarctique. Cela l'aurait rendu encore plus admirable. Ainsi la vierge médiévale souhaitait-elle que son champion terrasse un dragon à l'haleine chargée de flammes plutôt qu'un simple lion même géant, un lion de la taille de trois lions. Louis réalisait que l'Antarctique Sud est bien en pôle position du froid. Il semblait impossible que l'Arctique puisse être plus féroce que cet Antarctique dont les morsures déchiquetaient chaque fibre de sa chair.

Alors qu'il n'était plus qu'un appendice inopérant de sa motoneige qui glissait d'initiative dans les traces de celle d'Ivaluardjuk, celui-ci leva à nouveau le bras mais sans se retourner. Son bras gauche resta dressé. Louis se dit qu'il avait dû geler et allait bientôt tomber. Il devrait l'éviter pour ne pas tomber lui-même de la motoneige mais ça ne changerait pas grand-chose, il était condamné. Voilà, pensa-t-il, je vais mourir de froid, comme ça, deux heures après mon arrivée, je vais rejoindre Lise. Anesthésié par le cinquième élément, corps et volonté annihilés, il attendit que le guide perde son bras pour perdre lui-même la vie dans la foulée. Ayant été élevé au sein d'une république garantissant des droits inaliénables à ses citoyens, il retrouva assez d'énergie pour se demander, avec un début d'irritation, où étaient les images récapitulant sa vie, ces images que chacun avait le droit de voir défiler juste avant sa mort. Lui aussi y avait droit ! La mort était censée être la chose démocratique par excellence ! Il aurait bien revu quelques images d'Afrique, le visage de sa mère, Lise l'attendant après avoir coquinement entrebâillé la porte de la chambre froide, sa rencontre avec le Flamand et bien sûr une vue de groupe de la Dream Team. Mais il faisait vraiment trop froid, ses images d'archive devaient être bloquées quelque part, prises par le gel.

La motoneige d'Ivaluardjuk ralentit progressivement et le bras s'abaissa sans se détacher de l'épaule. Malgré ses rétines congelées qui le faisaient voir comme à travers un rideau à lanières pour chambre froide, Louis distingua trois bâtiments à demi enterrés. Semblables à des hangars munis de courtes cheminées métalliques, ils faisaient profil bas. Une antenne se dressait, seule à affirmer une verticalité dans cette morne plaine où tous faisaient carpette devant le blizzard. Il stoppa sa motoneige à la suite de celle de son guide. Tous deux mirent pied à terre mais seul Louis s'enfonça d'un coup dans la neige jusqu'aux genoux. Ivaluardjuk poussa la porte du bâtiment d'où s'élançait l'antenne. Il invita Louis à entrer. L'endroit se révéla plus vaste qu'il n'y paraissait de l'extérieur. Louis eut du mal à s'asseoir devant le poêle. Ses articulations ne répondaient plus. Lentement, un à un, ses neurones dégelèrent en rétablissant l'électricité dans leurs circuits. La première chose que Louis put penser clairement, c'est qu'il faisait beau. C'était une très belle journée. Un beau jour pour mourir de froid. Le ciel était glacé mais parfaitement bleu, le soleil sans chaleur mais très présent. Le vent augmentait démesurément la sensation de froid. Il sifflait doucement, laissant entendre qu'il pourrait hausser le ton si nécessaire. C'était sa façon de faire la bise aux nouveaux arrivants. Cela laissait présager le pire lorsque la météo se gâterait pour de bon.

Louis se demanda pourquoi le café instantané avait si mauvaise réputation. La chaleur liquide dénoua sa langue et il put prononcer un « thank you » approximatif pour remercier Ivaluardjuk qui le laissa boire sa tasse de café en la tenant entre ses moufles, avant de les lui ôter et de frictionner ses mains en riant. Le guide le resservit ensuite en café et Louis put tenir l'anse du bout de ses doigts en voie de resocialisation. L'Inuit lui proposa ensuite des biscuits dont la forme en losange allongé évoquait celle de la navette marseillaise parfumée à la fleur d'oranger. La ressemblance s'arrêtait là. Pas de subtile flaveur d'agrume mais une réminiscence de ration militaire rappelant qu'ici tout était importé sauf la neige et le froid. Ivaluardjuk parlait peu, souriait beaucoup et semblait à l'écoute du vent qui s'était mis à secouer furieusement le bâtiment. Louis mima le blizzard en se frottant les mains et Ivaluardjuk lui répondit : « Yes ! Yes ! It's a very beautiful day ! You are so lucky ! » C'est alors qu'il comprit ce qu'avaient ressenti ses parents à leur arrivée en Afrique. Sa mère lui avait souvent parlé de la chaleur africaine comme d'un étonnement constamment renouvelé. Il était convaincu que le froid lui réservait de cinglantes surprises, chacune pire que la précédente. Cette évidence le fit frissonner alors même que le rayonnement du poêle commençait à redonner du moelleux à l'intérieur de ses os.

Quand Louis eut repris des forces, Ivaluardjuk déplia une grande carte sur la table où des hameçons voisinaient avec ce qui ressemblait à des factures, des relevés de compte. Louis repéra une notice écrite en anglais où quelqu'un avait griffonné de petits bonshommes d'encre en bas de page. La carte était toute blanche, parsemée de très rares signes noirs. Trois minuscules rectangles représentaient l'endroit où ils se trouvaient. Elle n'indiquait ni routes, ni rails, ni localités, ni forêts, ni reliefs, ni cours d'eau. C'était un plat pays sans pays. Louis songea au chaleureux foisonnement des cartes Michelin. Celle-ci ressemblait davantage à une carte marine dépourvue de tout tracé d'île ou de côte, de toute indication de profondeurs ou de courants. Juste une surface uniformément blanche. De son index, l'Inuit désigna un groupe de petites croix en répétant : « The penguins are here ! Here ! » Louis fit signe qu'il comprenait, tout en dodelinant imperceptiblement. Il n'appréciait pas la légèreté avec laquelle les Anglo-Saxons désignent du même mot le manchot empereur, ses nombreux apparentés et le pingouin. C'est comme appeler cheese tous les fromages britanniques proches du cheddar ou nommer indifféremment saucisses les chipolatas, les merguez et la soubressade. L'index grassouillet d'Ivaluardjuk se déplaça de plusieurs centimètres, vers le nord nota avec suspicion Louis que le trajet en motoneige avait refroidi dans tous les sens du terme. Son esprit avait suffisamment décongelé pour trouver des motifs d'inquiétude dans ces quelques centimètres supplémentaires en direction du nord. Il pensa que si le pôle Sud est plus froid que le pôle Nord, il ne fallait pas en déduire que l'Antarctique Sud est moins froid en son nord qu'en son sud. Il se méfia aussi de ces quelques centimètres qu'aucune échelle ne relativisait, ayant déjà compris qu'aux pôles la distance est une chose, les temps de trajet en sont une autre, et qu'au final c'est le froid qui décide. « How many hours with motosnow ? » se renseigna-t-il. Curieusement, cette question sembla beaucoup amuser

Ivaluardjuk. Louis ne s'en formalisa pas. Il savait que l'accent toulonnais est modérément compatible avec l'anglais et il doutait de sa prononciation. Il s'était pourtant infligé d'assidues séances d'Assimil dans le grenier-banquise pour articuler l'anglais dans des conditions les plus proches possibles de la réalité polaire. Déjà difficile à aspirer en milieu tempéré, le h britannique devenait insaisissable lorsque le thermomètre était au bleu de sa forme. Comment aspirer convenablement avec des lèvres gelées ? Mais ce n'est pas son anglais qui amusait son guide : « Maybe three, maybe five, maybe many more. » Louis aurait nettement préféré qu'il ait ri de la prononciation. Il fallait accepter qu'ici l'espace et la durée soient moins maniables que dans le Var. Sans le savoir, il rejoignait les craintes de son père sur l'écoulement du temps en terre étrangère.

Il reprit du café et décida de voir le bon côté des choses. Son guide était sympathique et compétent. Il se découvrait quasi anglophone et avait survécu à son premier trajet en motoneige, bien qu'un peu trop fraîchement accueilli dès son premier pas en dehors de l'aéroport et que l'Antarctique n'ait cessé depuis de lui battre froid. Mais il était arrivé à destination et allait rencontrer le manchot empereur. Il devait cesser de craindre le froid, et pour se motiver pensa à ces touristes scandinaves qui, venus dans le Var pour jouir de son soleil, se plaignent de la chaleur. Il est vrai que le grenier-banquise l'avait habitué à un froid glacial mais statique. Un froid domestiqué, sans surprise, qui ne préparait pas à affronter les coups de griffes lacérants de ce froid sauvage. Se déplacer en motoneige au cœur du cinquième élément était tout autre chose que séjourner dans le grenier-banquise. Ivaluardjuk posa un ordinateur portable sur la carte et envoya le diaporama d'une impressionnante assemblée de manchots empereurs, celle qu'ils visiteraient. Ivaluardjuk montra ensuite quelques photos de lui avec ses derniers clients, un couple de météorologues. Après ça, il n'y avait pas grand-chose à faire sinon manger puis se coucher pour partir tôt le lendemain. Le blizzard semblait en avoir fini avec les préliminaires. Il donnait des coups de boutoir qui ébranlaient le bâtiment sans qu'Ivaluardjuk en paraisse ému. Louis fit à nouveau rire Ivaluardjuk en nommant « monkey in box » les boîtes de corned-beef qui s'alignaient sur une étagère. Dans un coin, une radio multibande cliquetait sans malice près d'une mâchoire de morse. Aucune photo de femme ni d'enfant n'était visible, aucune touche féminine n'adoucissait l'austérité des lieux. Ivaluardjuk vivait seul. Louis se demanda si une Lise l'attendait quelque part ou avait traversé sa vie avant d'en sortir d'une manière ou d'une autre. Il n'y avait que des clichés sans surprise où le guide posait avec des clients brandissant d'énormes saumons ou prenant la pose près d'un troupeau de phoques. Ivaluardjuk est un célibataire du froid, songea-t-il. Sans doute le froid ne tolère-t-il aucune rivale. Il en conçut un sentiment curieux, entre envie et amertume. Il sentait obscurément qu'Ivaluardjuk aimait le manchot empereur sans même y penser. Il l'aimait de l'intérieur même de ce cinquième élément, le même dans les deux pôles, dont les Inuits et le manchot empereur sont les rejetons héréditaires. Ivaluardjuk servit sans mot dire le ragoût qu'il avait décongelé. Il semblait perdu dans ses pensées et Louis apprécia que son guide ne surjoue pas l'hospitalité. Le décalage horaire, l'éprouvant trajet en motoneige, la chaleur du poêle produisirent leur effet et une immense fatigue s'abattit d'un coup sur Louis.

Ivaluardjuk le conduisit à son gîte. Il fallut qu'ils s'équipent à nouveau pour parcourir la courte distance séparant les deux bâtiments. Le gîte réservé aux clients était conçu sur le même modèle que celui occupé par Ivaluardjuk, bas de plafond, prenant difficilement jour par de petits hublots. Un effort de décoration portait ses fruits, rouges comme en témoignait la tapisserie couverte de mûres et de groseilles. Louis rendit son « good night ! » à Ivaluardjuk qui repartit dans l'obscurité après lui avoir présenté les lieux en deux trois gestes nonchalants. Il ne tarda pas à se glisser dans son sac à viande, un sac de couchage militaire dont la blancheur fatiguée s'avéra être un camouflage polaire. Louis dodelina de la tête en songeant au puzzle de verts, de bruns et d'ocres sous lequel il avait transpiré lorsqu'il crapahutait dans les collines varoises lors de ses classes à la base navale de Toulon avant d'être affecté aux cuisines du mess jusqu'à la fin de son service militaire. Il eut juste le temps de se rappeler cette lointaine période avant de s'endormir un sourire aux lèvres et les pieds froids dans son sarcophage en fibres thermiques.

Le réveil fut rude. Louis vérifia que les cristaux liquides de sa montre n'avaient pas gelé. Il avait l'impression d'avoir piloté une motoneige d'un bout à l'autre de la nuit. Ses avant-bras étaient douloureux, ses épaules en boule, la peau de son visage rétractée et cartonneuse, ses lèvres pelées. Sa première pensée fut qu'il n'irait pas prendre son expresso au zinc du Au bien nommé, la seconde qu'on n'entendait rien. Il finit par percevoir les battements de son sang au niveau de ses tempes, rien d'autre. S'étant endormi sous les hurlements du blizzard, il s'éveillait dans un silence absolu. L'obscurité aussi était totale. La neige avait-elle entièrement recouvert le gîte ? Était-il enseveli dans un tombeau de glace ? Il commençait à transpirer malgré la température quand des grattements se firent entendre puis des coups furent frappés à la porte et Ivaluardjuk entra, suivi d'une traînée de nuit et de froid qui fit se renfoncer Louis dans son duvet. L'Inuit tenait une pelle à neige, une paire de raquettes, un thermos et une tasse en fer-blanc. Louis ne s'était pas trompé, il avait bien été enterré vivant durant son sommeil ! Il pensa aux automobilistes varois qui râlent lorsque, deux fois l'an, ils doivent gratter une vague buée de givre sur les pare-brise de leurs véhicules. Ici, c'est à la pelle que se déblayent parfois portes et hublots. Ivaluardjuk, à son entrée, avait lancé un vigoureux « Hello ! Did you have a good night ? », précisant juste après en brandissant sa pelle à neige : « It's still a very beautiful day. » Louis comprit que ce very beautiful day serait le beautiful day de la veille en beaucoup plus froid. La chose aurait été difficile à concevoir n'importe où ailleurs qu'ici, dans l'antre du cinquième élément. Il se demanda combien de degrés en moins pouvaient s'embusquer dans ce very.

Il s'habilla d'abord par le haut, gardant fesses et jambes au chaud dans le duvet. Le local était fortement chauffé mais le froid semblait incrusté dans l'air comme ces mauvaises odeurs qu'on ne parvient jamais à chasser tout à fait. Dans le bref intervalle où son torse fut dénudé, la partie inférieure de son corps restant lovée dans le duvet, il offrit l'image d'un être hybride à torse de centaure et queue d'éléphant de mer albinos. Les lieux ayant une rudesse paramilitaire et le froid resserrant les liens, la présence d'Ivaluardjuk ne le gêna pas. Ils étaient entre hommes, deux baroudeurs isolés au milieu d'une nature hostile. Lise avait été la dernière personne à voir son torse couvert de poils conjuguant l'exubérance tropicale à la blancheur polaire. Cette pilosité amusa Ivaluardjuk qui dit un mot incompréhensible, peut-être le terme inuit désignant l'ours blanc. Il finit de se vêtir en enfilant un collant thermorégulateur puis un pantalon battant pavillon norvégien, emballant le tout dans sa combinaison orange. Il apprécia le café âcre mais brûlant, en but plusieurs tasses avant de chausser les raquettes.

Le froid prit un raccourci pour pénétrer et geler instantanément Louis de l'intérieur. Dès ses premiers pas hors de l'abri, il tenta en vain de respirer un air remplacé par de la glace vaporisée. Il se força à garder l'air déjà inspiré, de moins en moins froid mais de plus en plus suffocant, ce qui le mit face à un dilemme inédit. Il tint une poignée de secondes avant de renoncer à cette apnée désespérée. La goulée d'air qu'il aspira alors le troua de part en part. Ce serait en effet un very very beautiful day! L'expression geler à pierre fendre était réservée aux contrées préservées du cinquième élément, pensa-t-il en songeant aux coteaux ensoleillés de la Calebasse. Ici, même les pierres ont renoncé. Mais pas le manchot empereur! se motiva-t-il tandis qu'ils avançaient dans l'obscurité.

Louis suivait péniblement, progressant de son mieux sur la neige fraîche. Il respirait comme on sirote un digestif particulièrement coriace, par petites goulées qui déchiraient sa gorge mais sans l'explosion finale de chaleur au creux du ventre. Il pensa avec nostalgie au mistral toulonnais. Le trajet lui sembla plus long que la veille et il soupçonna qu'Ivaluardjuk les avait perdus. Sa torche éclairait le vide. Il se convainquit qu'un simple instant de distraction peut faire s'égarer le plus aguerri des guides à deux pas de chez lui, comme un navigateur peut se noyer dans sa baignoire. Il fixait le dérisoire pinceau lumineux que la nuit absorbait comme un buvard. Chaque craquement de la neige sous les raquettes lui semblait les rapprocher d'une évidence qu'Ivaluardjuk nierait le plus longtemps possible avant qu'ils tombent chacun à leur tour, lui d'abord, l'Inuit ensuite. Leur mort serait rapide, suivie d'un enterrement en toute discrétion sous trois mètres de neige. Peut-être un ours les trouverait-il et finirait-il dans l'estomac d'un plantigrade comme son père avait fini sous le pied d'un pachyderme. Ainsi Louis angoissait-il quand la lampe éclaira la porte du bâtiment principal.

Il s'assit en regardant fixement devant lui. Cerné par la chaleur du gros poêle, le froid ne le quitta qu'à regret, comme un démon forcé d'évacuer le possédé sous la pression d'un exorcisme mené dans les règles de l'art. Il se rappela avoir entendu dire que les Inuits ont une multitude de mots pour désigner la neige dans tous ses états et pensa que, dans toutes les langues du monde, le froid devrait être désigné par un mot inuit, comme anorak ou igloo. Car à mesure qu'on s'éloigne des pôles il n'y a que des sous-espèces du vrai froid, des ersatz, des imitateurs de moins en moins crédibles. Il regarda Ivaluardjuk verser de l'eau fumante dans la théière où il avait mis du café lyophilisé. L'Inuit amena ensuite des lamelles de poisson séché, toute une flottille des mêmes navettes que la veille et une autre sorte de biscuits, épais, rectangulaires, qu'il mit à chauffer dans une graisse brunâtre. Un fast-food polaire, songea Louis qui renifla l'odeur fauve bientôt dégagée par la matière grasse portée à ébullition. Tous deux burent et mangèrent dans un silence ponctué des grincements de l'abri. De temps à autre Ivaluardjuk levait sa tasse bosselée en réaffirmant que ce serait un very beautiful day. Louis acquiesçait, claquant des dents par avance. La puissance de feu calorifique de ce petit déjeuner laissait présager une journée assassine.

Ivaluardjuk se réjouit de voir Louis manger de bon appétit; nombre de ses clients, surtout de si bonne heure, n'appréciaient ni les biscuits revenus dans la graisse de phoque, ni le poisson séché, ni le café dont le dépassement de la date de péremption n'importait pas puisqu'il était conservé dans la cave de l'abri creusée à même la glace, tout comme les biscuits. Ivaluardjuk se leva en disant : « It's time ». Ça sonnait comme un départ pour l'échafaud, l'inéluctable exposition au couperet du froid. Se tournant vers les hublots auxquels il tournait instinctivement le dos, Louis fut surpris de constater qu'il faisait grand jour. Comme quelques heures auparavant la nuit, le jour était arrivé d'un seul coup. Le soleil était là, soudé à froid sur une immense tôle bleu acier. Au royaume du cinquième élément, le soleil ne se lève ni ne se couche. Il apparaît puis disparaît. Les pôles ont un tempérament bipolaire, peu enclin aux précautions d'usage dans les contrées tempérées : c'est très blanc ou très noir et c'est toujours très froid. Les fêtes sont rares mais, lorsque les auréoles boréales enveloppent d'extravagants paréos les épaules des icebergs, peuvent être somptueuses.

Ils remirent leurs raquettes pour cheminer jusqu'au hangar à motoneiges. Les deux engins les enfoncèrent immédiatement dans un paysage monomaniaque. La neige scintillait, les moteurs ronronnaient. Tous deux étaient deux points infimes cheminant dans un désert de glace, deux êtres en suspension dans cet inouï espace humain qu'est l'amour. L'amour de l'Inuit pour le cinquième élément, l'amour de Louis pour le manchot empereur. Un amour qui échappe à tout ce qui en diminuerait la portée en voulant l'expliquer. Louis avance dans le sillage de cette improbable et tardive passion. Il a fait ce qu'il fallait pour être là, dans la patrie du manchot empereur, après s'être posé maintes questions d'ordre pratique mais aucune sur la nécessité profonde de ce voyage au bout du froid. Just do it, aurait-il pu dire. Il s'était transporté de Toulon en Antarctique en plusieurs étapes physiques mais d'un seul jet mental, comme il offrait jadis un bouquet de persil aux clients sans y penser, parce que c'était la chose à faire.

Les scintillements de la neige gelée étaient d'une beauté hostile, très éloignée du miroitement sensuel des eaux du port de Toulon. Le froid brisait la lumière en une myriade d'éclats tranchants. Le ciel exhibait une nudité distante, d'un bleu qu'aucun nuage n'adoucissait, qu'aucun labbe, sterne ou pétrel ne sillonnaient. Louis ressentit ce vertige propre aux explorateurs livrés à l'indifférence d'un monde qui n'a pas besoin d'eux. Comme s'il était un spectateur dans une géode, enveloppé par un immense écran blanc, il se vit, lui et Ivaluardjuk, deux êtres humains progressant en ligne droite en ne laissant derrière eux qu'une légère éraflure dans la neige vierge, dérisoire et précaire paraphe. Deux créatures en équilibre sur le fil tranchant du froid, pouvant à tout moment basculer dans le silence absolu, sans retour possible. Louis sentit dans sa bouche un goût sauvage ; la saveur de l'aventure, ou peut-être celle des biscuits à la graisse de phoque. Il n'était habitué ni à l'aventure, ni aux petits déjeuners inuits.

Ils progressaient en ligne droite, accélérant parfois pour passer des plaques de tôle ondulée gelée. Longtemps ils avancèrent ainsi dans un espace sans forme, comme en un rêve où rien ne change. Les dunes de glace se ressemblaient toutes, le même soleil ponctuait le même ciel indifférent. Louis fut gagné par l'étrange sensation que leurs motoneiges ronronnaient dans un décor dont ils oublieraient bientôt qu'il n'était que ça, un décor tendu sur une scène en dehors de laquelle la vie continuerait à couler sans eux, passés de l'autre côté du temps, dans un no man's land de la durée. Le temps semblait piégé dans la glace tel un cours d'eau gelé. Louis s'agrippait au guidon de son engin, se laissant traverser par des images venues de tous les coins de sa vie mais sans lien entre elles, comme si son esprit s'était transformé en un projecteur de diapositives déréglé. Peut-être en réaction à l'uniformité paralysante du paysage, son esprit ordinairement placide galopait dans l'imaginaire comme un cafard sur une plinthe.

Et puis le temps reprit son cours. Ce furent d'abord quelques minces fissures qu'ils franchirent à allure réduite, puis quelques blocs de neige verglacée qu'ils durent contourner, rompant avec l'accablante ligne droite suivie depuis une éternité. Un relief apparut. Des tumulus de glace surgirent, disposés en désordre, de plus en plus imposants, comme si le temps retrouvé se cristallisait, introduisant des différences là où sévissait l'uniformité absolue. Ivaluardjuk indiqua à Louis de suivre précisément les traces de sa motoneige. Les fissures s'élargirent, laissant apparaître une eau noire de froid. C'était comme une guérilla qui déchiquetait les faubourgs de la capitale du cinquième élément, fragilisant la surface où les motoneiges glissaient désormais au ralenti. De temps à autre Ivaluardjuk stoppait son engin et faisait quelques pas pour éprouver la solidité du sol. Après avoir franchi une série de dunes glacées, ils virent s'élever d'énormes icebergs. Ivaluardjuk arrêta leur petit convoi pour permettre à Louis d'admirer ces monuments de la capitale du froid. Ils suivirent ensuite une sorte de couloir hérissé de vaguelettes de glace qui cassaient sous les patins et arrivèrent au bord d'une immense plaine gelée. Ivaluardjuk pointa son doigt au-delà de cette étendue en indiquant sobrement : « Penguins. » Louis prit alors conscience que la grande tâche sombre qu'il avait remarquée sans pouvoir l'identifier était une gigantesque colonie de manchots empereurs. Fut-il ému de toucher enfin au but ? Soulagé qu'ils ne se soient pas perdus ? Eut-il une pensée pour la Dream Team ? Pour Lise, qui peut-être se retournait dans sa tombe qu'il n'avait pas astiquée, dérogeant pour la première fois en vingt ans à sa visite dominicale ? Comment s'exprima son émotion ? Questions légitimes mais sans objet car il avait tellement froid que rien ne pouvait l'émouvoir, aucune pensée le traverser. Seuls les biographes peu scrupuleux le décrivent s'agenouillant dans la neige, serrant Ivaluardjuk dans ses bras ou se précipitant vers la manchotière. En réalité, Louis se contenta d'accommoder son regard pour mieux voir, sa moufle droite en visière. Ivaluardjuk lui tendit des jumelles. Étaient-ils les premiers humains à entrer en contact avec cette colonie ? Il posa la question à Ivaluardjuk qui se contenta de rire en disant : « It's always the first time ! » Loin d'être frustrante par son ambiguïté cette réponse ravit Louis, car elle contenait la définition même de l'amour ! Les deux motoneiges glissèrent lentement vers la masse qui s'offrait à l'inverse d'un tableau pointilliste : plus ils s'approchaient, plus elle devenait nette, se décomposant en une multitude d'individus dont les appels parvinrent aux oreilles de Louis. Il savait que le manchot empereur ne chante pas mais brait, ou jabote, mais trouvait ces termes inélégants et même péjoratifs. Le braiment lui semblait mieux convenir à l'âne et le jabotage à l'un de ces volatiles qui constituent le prolétariat des basses-cours. Ivaluardjuk lui fit signe de mettre pied à terre. Tous deux se dirigèrent vers les individus les plus proches, Louis en se dandinant. Il ne se tortillait pas pour imiter la démarche du manchot empereur et s'en approcher ainsi au plus près sans l'effrayer, mais parce que la mollesse du terrain s'aggravait de l'épaisseur boudinée de sa combinaison. Malgré l'orange éclatant de Louis, tous deux parvinrent à quelques mètres des premiers membres de cette colonie sans y provoquer de remous. Très calmement, ceux-ci s'éloignèrent pour garder leurs distances, non par peur mais par souci des convenances.

Louis n'osa s'avouer un début de frustration. Il n'aurait pas su exprimer la curieuse sensation qu'il ressentit. L'intense transparence de l'air glacé transformait les manchots empereurs en sujets numérisés pour documentaire. Ils étaient là d'une façon absolument prévisible, comme il les avait déjà vus dans de nombreux documentaires. Hormis le froid, quelle était donc la valeur ajoutée de ce voyage ? Ce qu'il voyait lui semblait parfaitement identique à ce qu'en aurait présenté le papier glacé d'un magazine de photo-reportage, comme si le réel ne souhaitait pas renchérir sur sa propre représentation.

Sur un signal d'Ivaluardjuk, Louis s'accroupit. Quelques manchots empereurs se rapprochèrent pour leur signifier qu'ils ne voyaient pas d'inconvénient à ce qu'ils restent dans leurs parages. Il se sentit accueilli et sa déception s'estompa progressivement. Il admira leur plumage et pensa à ceux, bien ternes en comparaison, de la Dream Team. L'idée le traversa de traverser la manchotière, à genoux pour être à leur hauteur et prendre un bain de foule. Mais il ne bougea pas et remarqua avec satisfaction que l'orange de leurs plumettes correspondait à celui de sa combinaison. Ses genoux ne tardèrent pas à lui faire mal et il allait se lever lorsqu'une vague d'inquiétude parcourut la colonie. Les appels se multiplièrent tandis qu'un mouvement global s'opérait. Louis vit trois pétrels géants se poser non loin de lui. Les manchots empereurs s'en éloignèrent, sans panique malgré la dangerosité de ce prédateur. En tout temps, en tout lieu, le manchot empereur reste droit dans ses boots. Bien loin des courses bondissantes de l'herbivore devant le carnassier des savanes africaines, la prédation polaire est relativement discrète. Sanglante comme partout ailleurs, elle nécessite souvent plus d'énergie pour trouver sa proie que pour la tuer. Si l'ours blanc doit longuement errer dans un désert avant de tuer un phoque venu respirer par un trou de la glace, le pétrel géant a l'embarras du choix. Retrouvant une partie de cette impartialité dont il faisait preuve, enfant, dans la campagne carcassonnaise, Louis regarda les funestes oiseaux assassiner tranquillement leurs victimes. Ils ne semblaient pas vraiment chasser, ni leurs proies être chassées. Le pétrel marchait à petits pas en bordure de la colonie sans poursuivre aucun de ceux qui s'écartaient de lui. Lorsqu'un manchot empereur restait sur son chemin, il lui donnait un coup de bec sur la tête. La plupart s'enfuyaient, d'autres inexplicablement restaient. Ils ne cherchaient pas à se soustraire à l'agression, peut-être pétrifiés par leur découverte de la violence. Le pétrel, invité à poursuivre, défonçait alors sans se presser le crâne de sa victime consentante. Chaque crâne brisé brisait le cœur de Louis bien qu'il sache que la grande machinerie de la vie tourne ainsi, graissée par le sang d'innombrables créatures. Nul n'est coupable de se nourrir. Ivaluardjuk, lui, semblait s'amuser de cette chasse policée. Louis le soupçonna de parier sur la prochaine victime, car il réagissait différemment selon les choix des pétrels. Ceux-ci s'attaquaient aux jeunes inexpérimentés ou aux adultes chez qui la placidité de l'espèce allait trop loin, dégénérant en une sorte d'insouciance suicidaire. Ainsi prêtaient-ils le flanc, ou plutôt le crâne, au fracassant bec crochu de l'oiseau qui semblait être choisi par ses proies plutôt que l'inverse.

Les pétrels effrangèrent les bords de la colonie sans que cela y paraisse, tant elle brassait d'individus. Ivaluardjuk sortit une bouteille isotherme de son sac et lui proposa du café. Louis leva sa tasse en l'honneur des victimes. Un manchot empereur juvénile vint les regarder puis repartit à toute allure comme pour rapporter à ses compagnons ce qu'il avait vu. Après ce massacre, Louis eut le sentiment d'être enfin entré de plain-pied dans la vraie vie du manchot empereur. Il nettoya sa tasse avec de la neige et la rendit à Ivaluardjuk. Puis, soulevé par l'émotion et un désir de fusion, il s'enfonça dans la colonie qui s'ouvrit devant lui comme une mer mythique. La glace étant assez solide pour supporter le poids d'un homme, Ivaluardjuk le laissa s'éloigner. Avec sa combinaison d'un orange visible depuis la Lune, il ne risquait pas de le perdre de vue. Les motivations de ce Français restaient floues. D'ordinaire, ses clients se contentaient de prendre des photos et des vidéos. Ils ramassaient quelques plumes en souvenir. Membres d'une expédition scientifique ou d'une ONG ils prenaient aussi des notes, procédaient à des comptages, prélevaient des excréments, capturaient trois ou quatre spécimens pour les mesurer, les peser et les baguer. Ce client était le premier à ne prendre aucune photo, le premier à s'enfoncer ainsi dans le corps social du manchot empereur.

Louis avança à petits pas, légèrement étourdi par la rumeur de la manchotière qui de l'intérieur s'avéra bruyante. Le volume sonore augmenta au fur et à mesure de son avancée. Habitué au mutisme de la Dream Team, il s'immergea avec plaisir dans cette pâte sonore de plus en plus dense. Ce devait être le début de la saison des amours, car il vit plusieurs mâles se concentrer, bec contre la poitrine, avant de redresser leur tête en lançant un bref cri puis attendre la réaction de leur vis-à-vis. Mâle et femelle se faisaient face en allongeant alternativement le cou selon un rituel austère. Des couples se formaient. Certains s'éloignaient en se dandinant de concert. Le mâle ignorait quelles épouvantables épreuves suivraient son bref accouplement, quand viendrait le moment d'assumer sa paternité. Louis éternua. Une odeur douceâtre l'enveloppait, vaguement poissonneuse, rappelant celle d'algues putréfiées. L'estomac révulsé, il oscilla quelques minutes au seuil d'une action de nature à compromettre la solennité de l'instant. Comme les rois, le manchot empereur a deux corps. Le corps symbolique d'où rayonne cette aura qui fascinait Louis, mais aussi un corps mortel d'où coulent fientes et urines. Il éternua à plusieurs reprises et réalisa que chaque éternuement provoquait un cri en retour, comme un écho déformé. Louis repéra alors un regard noir levé vers lui. Un manchot empereur le fixait. Il éternua à intervalles irréguliers pour vérifier l'invraisemblable hypothèse. L'animal lui répondit de façon parfaitement synchrone sans le lâcher du regard puis vint se placer face à lui. Louis risqua un petit cri censé imiter celui du manchot empereur mâle. Sa partenaire détourna la tête sans répondre, comme contrariée par ce changement de ton. Louis éternua et la femelle répondit avec empressement avant de venir à son contact. Elle allongea le cou vers lui à plusieurs reprises. Cette femelle téméraire avait porté son choix sur le célibataire le plus en vue de la colonie. Le gabarit de Louis, son plumage d'un orange saisissant, son cri de parade puissant et original avaient séduit cette femelle peu conformiste. Aux yeux d'une jeune femelle inexpérimentée, Louis pouvait passer pour un manchot empereur mâle dépassant les normes physique et vocale de l'espèce. Il surclassait tous ses rivaux. Bref, Louis était un bon coup. D'abord désemparé, il décida de lui rendre la politesse. Il allongea le cou autant qu'il le pouvait, avant de s'éloigner pour ne pas abuser davantage cette femelle naïve. C'est alors qu'une série d'atroces cris rauques le figèrent sur place. Il se retourna et vit la femelle tendre son cou vers lui avec insistance. Elle n'appréciait pas d'être ainsi plaquée en pleins préliminaires ! Louis nota qu'il y avait moins d'abandon dans la posture. À présent, elle semblait davantage pointer un bec hostile qu'offrir son cou, un peu court mais joliment dodu. Puis d'autres cris se firent entendre dans son dos et la pensée effleura Louis que les parents de la femelle éconduite allaient la venger en se jetant sur le séducteur éhonté. Mais ce n'était qu'Ivaluardjuk qui avait observé la scène et se tordait de rire. Louis fut un peu vexé de s'être donné en spectacle mais s'éloigna de la femelle interloquée avec le sentiment d'avoir pénétré l'intimité du manchot empereur au-delà de ses rêves les plus fous. Après sa déception initiale, le réel l'avait rattrapé de la façon la plus inattendue. La plus-value espérée du voyage n'était rien moins que sa demande en mariage par une vierge des glaces à l'œil velouté, au cou craquant ! Il sortit de la colonie sans se retourner, veillant à ne pas déranger les couples qui échangeaient leurs salutations prénuptiales.

Ivaluardjuk n'en finissait pas de rire. Il montra à Louis la vidéo qu'il avait prise avec son téléphone satellitaire. D'abord postée sur la page Facebook d'Ivaluardjuk, cette courte vidéo ferait le buzz et assurerait à Louis une notoriété annonciatrice de celle qui suivrait. Entre deux éclats de rire, le guide dit qu'il était temps de repartir.

Une inquiétude tenailla Louis tandis qu'il glissait dans le sillage d'Ivaluardjuk. Son séjour allait s'achever, il retournerait à Toulon mais plus rien ne serait comme avant. Une page était tournée et Louis appréhendait la suivante. Peut-être, comparé à la banquise, le grenier-banquise ferait-il grise mine. Peut-être le charme diffus de la Dream Team pâlirait-il au souvenir de celle qui avait été prête à fabriquer son œuf avec lui puis à le lui confier. Son retour ouvrirait un nouveau chapitre de son histoire avec le manchot empereur. Pour l'heure il glissait dans les traces de son guide, penché sur son guidon, immergé dans l'immense et scintillante vacuité polaire. Un grand vide succéda à l'enthousiasme des dernières semaines, à la tension des dernières heures. Il se recroquevilla encore un peu plus sur sa motoneige, en position quasi fœtale.

Ils arrivèrent aux abris alors que la nuit s'amoncelait de tous côtés et menaçait de s'écrouler sur eux. Lorsque enfin il put s'asseoir près du poêle, Louis était épuisé. Il se sentait comme une coquille vide. Ivaluardjuk, lui, semblait plein d'énergie et rit de le voir ainsi tassé sur le tabouret, les yeux dans le vague. Il l'aida à enlever sa combinaison en sifflotant, ce qui redoubla la mélancolie d'un Louis accablé de fatigue et dont le moral flageolait. Il voulut néanmoins ne pas décevoir son hôte et répéta : « Great day! great day! thank you! thank you! », en tentant d'étirer ses joues gelées en un sourire acceptable. L'obstacle de la langue lui évitait d'être tenté de se confier à Ivaluardjuk. Il aurait eu du mal à exprimer cette brusque dépressurisation de son enthousiasme initial. Il resta assis, la tête vide, tandis qu'Ivaluardjuk s'affairait. L'Inuit mit de l'eau à bouillir, vida un bloc de glace brunâtre dans une casserole. La nuit ne tarda pas à recouvrir les hublots de l'abri. Une forte odeur de poisson emplit bientôt la pièce. Dans son état normal Louis aurait aidé à mettre la table, même si la chose se réduisait à poser deux assiettes en fer-blanc devant deux gobelets et entre deux paires de couverts. Mais il ne bougea pas, dodelinant mollement de la tête, les bras ballant entre ses jambes. Il regardait fixement le bois rugueux du plancher, importé comme tout le reste à la seule exception de la mâchoire de morse et de quelques morceaux de poisson séché pendus dans un coin, qui évoquaient vaguement les saucisses et saucissons jadis suspendus dans la boutique de la rue Lavoisier. Un pincement au cœur, il songea à son flirt avec la jeune manchot empereur et aux assassinats nonchalants des pétrels géants. Ivaluardjuk le sortit de sa torpeur en remplissant les assiettes d'une généreuse portion de ragoût de phoque. Louis mangea en acquiesçant aux rares mots que prononça l'Inuit en désignant le ragoût. Il apprécia cette viande fondante, allant jusqu'à se resservir sous l'œil approbateur du guide. Leur repas fini, Ivaluardjuk l'accompagna à son abri. Le blizzard creva sauvagement le cocon tissé autour de Louis par la chaleur et le repas. Il lui explosa au visage, le secoua, le malmena jusqu'à ce qu'il ferme la porte du module sur Ivaluardjuk qui retournait vers le sien. Après s'être réchauffé, il se débarbouilla et tenta de dessiner la silhouette de sa prétendante sur la buée du miroir. Après avoir écouté le blizzard quelques minutes, il s'enfonça en grognant de plaisir dans son duvet puis dans un sommeil profond.

Louis s'éveilla de bonne heure. Sa première pensée fut que c'était déjà terminé. En fin de journée il serait dans un avion à destination d'Ushuaïa où il embarquerait pour l'aéroport de Roissy-Charles-de-Gaulle et de là s'envolerait vers celui de Toulon-Hyères. Les mesures d'inspection-filtrage, les cartes d'embarquement, le positionnement des masques à oxygène et des gilets de sauvetage n'avaient plus de secrets pour lui. Avant de quitter son duvet il voulut croquer deux ou trois de ces biscuits qu'il avait déjà goûtés, revenus dans de la graisse de phoque. Ivaluardjuk en avait posé une boîte à son intention sur la table de chevet. C'était une boîte surprenante, en métal gris frappé de l'étoile rouge, de la faucille et du marteau. La réserve de vivres d'Ivaluardjuk contenait quantité de ces boîtes issues de stocks de l'Armée rouge.

L'effondrement de l'URSS avait entraîné la revente au marché noir d'armes et de matériels militaires, d'équipements et de divers produits dont ces boîtes de biscuits. Louis eut du mal à décoller le couvercle. Il prit un biscuit qu'il attaqua du bout des dents. Brunâtre, le biscuit était dur, collant et assez fade. Il comprit pourquoi Ivaluardjuk ne les consommait pas en l'état mais les chauffait dans une matière grasse qui les attendrissait et leur donnait du goût. Tout en mastiquant péniblement la pâte prolétarienne, Louis admira l'intense lumière qui traversait la pièce de part en part comme si les hublots faisaient office de loupe concentrant les rayons solaires. Il eut une pensée pour les gamins de la Calebasse. Les poussières en suspension dans ces rais évoquaient de minuscules flocons, répliques miniatures de ceux qui voletaient à l'extérieur. Il grignota plusieurs biscuits en prenant son temps. Leur arrière-goût, acidulé, n'était pas désagréable. Après avoir essayé en vain de se rendormir, il se décida à se lever. Il enfila ses vêtements, passa son anorak et se posta devant l'un des hublots. La neige crépitait sous un ciel toujours aussi clinquant. Ivaluardjuk allait sans doute lui resservir son fameux beautiful day. Maintenant qu'il était habillé, il ne savait trop que faire. Il décida de rejoindre le bâtiment principal pour prendre son café avec Ivaluardjuk, mais la perspective d'une agression par le froid dès la porte entrouverte le fit temporiser. Il resta debout à regarder la neige scintiller. Après quelques minutes de cette paisible contemplation, il perçut des sifflements et fut pris d'un étourdissement. Il dut s'asseoir sur le lit. Les rais de soleil prirent toutes les couleurs de l'arc-en-ciel, formèrent des tourbillons phosphorescents. Des sons aigus fusèrent de toute part. Les hublots se mirent à pulser comme des boomers. Louis se sentait bien. Magnifiquement bien. Un peu sonné, mais une exaltation enflait en lui, le soulevant comme s'il avait rajeuni de quelques décennies. Des flux lumineux ricochèrent entre les parois de l'abri devenu sphérique et immense. Les grains de poussière scintillaient comme autant de minuscules lampions. Louis admira longuement ce plancton aérien luminescent. Cédant à une brusque impulsion il se leva, tenta d'enfiler sa combinaison, dut se rasseoir, recommença, finit par renoncer, réussit difficilement à passer ses moufles et sortit. Il n'y eut pas de round d'observation. Le froid l'agressa d'emblée, rendant immédiatement son corps transparent à lui-même, frappant aux points mal protégés par son habillement bâclé. Le premier choc encaissé, il se concentra sur le crissement de la neige gelée. Il lui sembla marcher sur du verre pilé. D'une démarche tour à tour martiale et vacillante, il se rendit au hangar à motoneiges. Une énorme énergie l'emplissait. Il se sentit devenir une galaxie, un amas d'étoiles au noyau infiniment dense et aux marges gazeuses. Un vertige le fit tomber à genoux dans la neige. Il se redressa aussitôt et poursuivit son chemin vers le hangar. Enfourchant sans hésitation une des motoneiges, il la démarra et commença à glisser avec un sentiment de toute-puissance, tel un enfant conduisant pour la première fois un engin à moteur. Son esprit virevoltait en tous sens, bientôt imité par la motoneige dont Louis cravachait le bicylindre, lancé dans un road movie inédit. Il se sentait parcouru de flux d'énergie comme si son sang s'électrifiait. Plusieurs soleils brillaient dans un ciel aux couleurs changeantes. Le cosmos était Louis et Louis était le cosmos ! La neige alternait des reflets roses et verts, l'air brillait intensément, saturé de paillettes multicolores. Des sifflements, des craquements fusaient en feux d'artifice, sons et couleurs se chevauchaient. Insensible au froid, il fonçait droit devant puis virait brusquement, maîtrisant la totalité de l'espace et du temps.

Cet accès de frénésie cessa brusquement. Louis perdit le contrôle de son engin en tentant d'éloigner les mouches qui l'assaillaient et chuta. Il resta allongé dans la neige quelques minutes. Une immense tristesse l'emplit et quelques larmes lui vinrent, immédiatement gelées comme son cœur semblait l'être devenu aussi. Il n'était plus connecté avec le cosmos. Les flocons s'intensifièrent ainsi qu'une meute resserrant l'étau autour de sa proie. Il se releva et resta là, debout dans la neige, silhouette en voie de dissolution. Il se sentit littéralement mourir de froid sans pour autant bouger. Il avait le vertige et regarda onduler la neige. Le ciel se boursouflait en bulles qui crevaient en libérant des geysers de couleurs. Puis l'univers sembla s'effondrer et Louis s'effondra avec lui, tombant à genoux dans la neige où la motoneige avait laissé le sillage qui permit à Ivaluardjuk de le sauver.

Louis recouvra son état normal en quelques heures mais dut reporter son départ. Ivaluardjuk le garda en observation le reste de la journée, prêt à alerter l'hélicoptère sanitaire. Il resta près de lui, profitant de ce huis clos pour nettoyer sa carabine, aiguiser son couteau et s'occuper de quelques bricoles. Son client alterna des phases de délire et d'abattement mais le guide garda son sang-froid et fit pour le mieux. L'état de son client s'améliora progressivement et tous deux purent dès le lendemain se mettre en route pour l'aéroport. Leurs adieux furent sobres mais non exempts de cette complicité qui lie ceux ayant vécu ensemble de si beautiful days.

Louis s'envola à destination d'Ushuaïa en emportant dans ses bagages la boîte de biscuits frappée de la faucille et du marteau. Son guide s'était attaché à ce client bougon et imprévisible, le premier à n'avoir pris aucune photo attestant de son séjour, le seul à s'être fait courtiser par une femelle de manchot empereur, le seul à avoir commis une imprudence majeure en partant seul à motoneige, mais aussi le premier à apprécier ses biscuits cuisinés à la graisse de phoque. Il lui avait donc offert en souvenir l'une des innombrables boîtes qu'il conservait dans la glace. Encore affamé après avoir consommé son plateau-repas, Louis aurait bien mastiqué deux ou trois biscuits soviétiques en dessert, mais ils étaient dans son bagage de soute, hors d'atteinte. Il se consola en imaginant une variante provençale de la recette d'Ivaluardjuk. Il les ferait revenir dans de l'huile d'olive après les avoir frottés d'ail frais, et les accompagnerait d'une petite salade et d'un côtes-du-ventoux.

Il débarqua à l'aéroport d'Ushuaïa avec une aisance de vieux routard. Ce vol avait été reposant, environné de nuages moelleux. Il avait suivi la démonstration des consignes de secours en toute tranquillité. Il ne venait pas d'échapper à la mort blanche pour tomber des nues vingt-quatre heures après ! Trois heures d'attente s'ouvraient devant lui avant qu'il puisse embarquer pour le vol Air France 75AF 43008 à destination de Paris. Un point presse proposait un large choix de quotidiens ; Louis ne fut pas scandalisé que *Var-Matin* en soit absent. À défaut il acheta *Le Soleil*, journal québécois francophone, curieusement distribué dans cette ville, la plus australe de la planète. La une de ce quotidien présentait une photo coupée en deux par la pliure du journal. L'indécision de la nature même de l'objet photographié le brouillait suffisamment pour l'extraire de la réalité datée du 8 juin 2015 et le renvoyer dans l'épaisseur d'un rêve éveillé. Le noir et blanc vintage de cette image en évoquait d'autres : le naufrage en biais d'un paquebot, le dos montagneux de Nessie surprise par un flash d'amateur dans le brouillard du Loch Ness, un groupe d'ouvriers alignés devant le premier lampadaire à gaz d'une cité ukrainienne. Cette demi-photo présentait l'arrière de ce qui pouvait être un chalutier ou un remorqueur, suivi d'une masse claire non identifiable, tous deux noyés dans une brume épaisse. Sa curiosité titillée, Louis tenta d'identifier cet objet. Après avoir fugitivement pensé à une baleine blanche il renonça à trouver de quoi il s'agissait. Il déplia entièrement *Le Soleil* et tout s'éclaira. Le navire était bien un chalutier, qui remorquait un iceberg. La photo illustrait un article sur les chasseurs d'icebergs, profession dont il ignorait jusqu'à l'existence. De nombreux chalutiers, découvrit-il en lisant l'article, se reconvertissent pour capturer ces proies plus lucratives que les habituels aiglefins, capelans, morues dont les bancs s'amenuisent. Louis dodelina longuement de la tête en méditant sur la capture et la fonte de glaces jadis éternelles. L'eau ainsi récoltée était commercialisée en tant qu'eau préhistorique réputée ultra-pure et facturée en conséquence, quinze dollars le litre. Le prix d'une bonne huile d'olive, s'indigna Louis. La banquise fond, écrivait l'auteure de l'article, et l'humanité la regarde se dissoudre avec cette indifférence qu'elle porte à toute vérité trop lente à se manifester, inadaptée à la vitesse désormais mondialisée de ses appétits. Louis relut plusieurs fois cette phrase en plissant le front, *Var-Matin* ne l'ayant pas habitué à ces complications d'écriture. Cette traite des icebergs s'aggravera, poursuivait la journaliste, car le prix de l'eau préhistorique augmentera proportionnellement à la diminution de la masse de glace selon l'infaillible loi de l'offre et de la demande. Désormais à l'origine des moindres gestes de l'humanité, la Main Invisible du Marché ne prend pas de gants pour la pousser à exploiter de nouvelles sources, même gelées, de profit. Après avoir presque vidé les océans de leurs poissons, les hommes se tournent désormais vers l'eau elle-même, sous sa forme la plus bankable. Les icebergs capturés, répondait un chasseur d'icebergs à une question de la journaliste, ne représentent qu'un infime pourcentage de la masse de glace disponible et chacun devrait pouvoir boire de l'eau préhistorique, c'est une question de démocratie. Un élu indiquait que cette activité économique constituait un appoint indispensable à nombre de marins pêcheurs ; soucieux de ne fâcher personne, il proposait d'instaurer des réserves à icebergs dont l'accès serait autorisé aux seuls touristes. En contrepartie, l'État canadien devrait délivrer davantage de permis de chasser l'iceberg.

C'est le 8 juin 2015, dans l'aéroport d'Ushuaïa, lieu peu propice aux grands enthousiasmes, qu'est daté et localisé le début de la période militante de Louis. Malheureusement, les images captées par la vidéosurveillance de l'aéroport n'ont pas été conservées. Si les libertés publiques peuvent se réjouir de la stricte application de cette disposition légale, les innombrables admirateurs de Louis déplorent l'absence de ce qui aurait été une inestimable relique visuelle. Ainsi ne peuvent-ils se passer en boucle l'extrait vidéo où leur idole fixe intensément *Le Soleil* avant de méditer, le regard illuminé. Les partisans de la théorie dite de l'Eurêka affirment que c'est à ce moment précis, dans le sillage immédiat de cette lecture, que se produisit un déclic comparable à celui provoqué par la chute de la pomme newtonienne. Mais cette théorie de l'Eurêka est rejetée par les défenseurs de celle dite du Nénuphar, lesquels doutent que l'idée vînt sur-le-champ à Louis et soutiennent qu'il est bien plus probable, malgré l'anecdote du vol Air France 75AF 43008, qu'elle se déploya progressivement dans son esprit comme un nénuphar flotte longtemps en eau trouble avant de fleurir. Eurêkasiens et Nénuphariens s'accordent néanmoins sur un terme pourtant délicat, surtout appliqué à Louis, mais qui trouva dans l'affaire du vol Air France 75AF 43008 une application exemplaire. En effet, malgré son transit de trois heures, Louis se présenta trop tard à l'embarquement du vol devant le ramener en France. Ça lui ressemblait si peu qu'il ne pouvait s'agir que d'un acte manqué causé par la découverte de l'existence de chasseurs d'icebergs, inconsciemment identifiés par Louis comme l'une des innombrables menaces pesant sur la patrie du manchot empereur. La chose fait consensus chez ses biographes, mais la réalité est tout autre.

Il est vrai que Louis n'était pas du genre à rater son avion. Il n'avait jamais couru derrière un bus ni manqué le début du journal de vingt heures. C'est pourtant sans réagir qu'il avait écouté le dernier appel pour le vol Air France 75AF 43008, et avec une très modérée crispation de l'estomac qu'il avait regardé l'Airbus A330 décoller sans lui. Avoir frôlé la mort change un homme. Louis se découvrit la capacité d'improviser. À peine dodelina-t-il de la tête avant de se rendre au comptoir d'Air France pour repousser sa date de départ et prendre un billet pour un vol à destination de St. John's International Airport, aux confins du Québec. Si ses biographes ont raison en faisant de ce subit changement de programme la conséquence directe de l'article sur les chasseurs d'icebergs, s'ils n'ont pas tort en pensant que Louis avait été court-circuité par son inconscient, s'il est vrai que celui-ci avait immédiatement perçu les chasseurs d'icebergs comme des ennemis du manchot empereur, la raison profonde de ce détour était peut-être son appréhension des retrouvailles avec la Dream Team.

L'avion atterrit à St. John's International Airport dans une brume dont l'opacité correspondait à l'état d'âme de Louis. Durant tout le trajet, il avait tenté en vain de se projeter dans ces quelques jours supplémentaires qu'il s'était accordés. Une fois ses affaires déposées à l'hôtel, la question se poserait de son programme de la semaine. Il lui faudrait d'abord trouver un guide capable de le conduire au plus près des chasseurs d'icebergs, comme Ivaluardjuk l'avait conduit chez les manchots empereurs. Après, il serait toujours temps d'aviser. Louis entra dans l'hôtel sous le regard globuleux d'un élan qui faisait semblant de ne pas le regarder depuis le mur où sa tête protubérait, laissant ses cornes encombrer les hauteurs du hall. L'atmosphère de l'établissement évoquait une chansonnette un peu kitsch où il serait question d'une cabane au Canada. La chambre était sobre et confortable, conforme aux standards internationaux, loin du dépouillement paramilitaire du gîte d'Ivaluardjuk. Louis s'allongea avec soulagement sur le lit, face à la fenêtre. Derrière le double vitrage, une petite neige s'égayait dans la brume. Il s'agissait là des troupes auxiliaires du froid, de supplétifs infiniment moins agressifs que les troupes d'assaut du cinquième élément auxquelles l'avait arraché Ivaluardjuk. Posé sur le bureau, aux côtés d'une enveloppe et d'un bloc de papier à lettres où réapparaissait la tête d'élan, un plan de ville lui permit de localiser l'office de tourisme. Rassuré par ce début de programme, Louis décida qu'une petite sieste s'imposait. Il irait ensuite se renseigner pour entrer en contact avec un chasseur d'icebergs local.

Cette sieste aurait pu n'être qu'une parenthèse dans sa journée, l'une des innombrables siestes de son existence. Mais, si l'on considère qu'elle retarda son départ vers l'office de tourisme et lui permit donc de rencontrer Alice sur le palier au moment où elle sortait de la chambre voisine, ce fut de loin la plus importante de toutes celles jamais menées à bien par Louis.

Alice est une journaliste d'investigation québécoise résolument indépendante. Elle n'est ni salariée d'un média ni la moitié d'un couple, et n'envisage pas de devenir un jour le tiers d'une famille, puis le quart, etc. Elle ne veut pas rétrécir. Elle choisit soigneusement ses enquêtes, investiguant le plus souvent sur des crimes comme il s'en pratique au Canada où chaque foyer possède haches, pelles à neige et tisonniers. Alice a une approche originale qui postule qu'un crime nécessite un ou plusieurs gestes pour se concrétiser, mais qu'un geste possède des privilèges plus étendus : il peut exister par et pour lui-même. C'est même là la définition d'un beau geste. Alice croit en la beauté essentielle des gestes. Elle vit seule pour ne pas se réveiller le matin assiégée par des gestes qui ne sont pas les siens. Elle souhaite l'exclusivité des gestes qui façonnent son existence. Ce qu'elle regarde en premier chez un homme, ce ne sont pas ses chaussures mais ses gestes.

Alice et Louis se rencontrèrent donc sur le palier. Ils échangèrent une formule de politesse où l'accent de Louis sonna comme une cornemuse aux oreilles québécoises d'Alice. De son côté, Louis fut frappé par le physique énergique de cette femme, du genre à tenir l'équerre tout en grimpant à une corde à la force des bras. Alice lui proposa spontanément de prendre un café et ils s'assirent dans le salon de l'hôtel sous une tête d'élan se distinguant de celle du hall par une barbiche plus franchement léniniste. Alice se présenta comme journaliste indépendante. Louis sursauta lorsqu'elle dit que son prochain article, comme le précédent, serait consacré aux chasseurs d'icebergs de la province de Terre-Neuve-et-Labrador. Prudent, n'ayant pas l'habitude de se confier à des étrangers et encore moins à des journalistes, Louis parla vaguement de son séjour chez Ivaluardjuk en évitant d'évoquer les motifs de son voyage, s'abstenant de révéler l'existence de la Dream Team et du grenier-banquise. Il passa également sous silence le coup de folie dont il ne comprenait toujours pas l'origine et tenta de se présenter comme un touriste ordinaire. Soucieux de brouiller les pistes, il qualifia la manchotière de sorte de poulailler géant en plein air, comme il avait pu à l'occasion appeler Lise la Patronne en prenant un air accablé pour ne pas avouer son parfait bonheur conjugal. Mais il finit par parler de l'article du *Soleil* et de son intention d'aller voir de près un chasseur d'icebergs, par simple curiosité, précisa-t-il. À la retraite on a du temps, ajouta-t-il pour bien marquer le coup. Alice voulut savoir ce qu'il avait pensé de cet article qu'elle commenta si précisément que Louis finit par comprendre qu'elle en était l'auteure, ce qu'elle confirma d'un sourire. De même qu'elle lui avait proposé de prendre un café et sur le même ton enjoué, Alice lui proposa de se rendre ensemble à St. Anthony. Là, ils trouveraient bien le moyen d'embarquer à bord d'un chalutier chasseur d'icebergs. Un peu sonné par cette étonnante coïncidence, Louis accepta. Il laissa Alice gérer la location d'une Ford couleur abricot, prévoir les étapes qu'imposaient les mille kilomètres de trajet entre St. John's et St. Antony. Et, tant qu'à faire, il lui laissa le soin de conduire. Ils partirent dès le lendemain, après avoir partagé un petit déjeuner sous le regard légèrement strabique de l'élan léniniste.

La Ford roulait des essieux entre ses suspensions bien trop moelleuses pour Louis qui ne tarda pas à avoir le mal de mer. Porteur d'une barbe de trois jours, aguerri aux voyages et aux modes de transports exotiques, ayant frôlé la mort, il résista à son envie de se plaindre et se concentra sur le paysage. Il regarda défiler les arbres en essayant de distinguer les différentes essences. Sapins, hêtres et chênes prédominant, il se sentit en terre pas si étrangère que ça. Voir un ours ou un élan l'aurait vraiment dépaysé mais les têtes d'élans de l'hôtel seraient probablement les seules qu'il verrait lors de son séjour. Le bitume s'étalait en longues lignes droites coupant à travers des forêts entrecoupées de pans rocheux. Ils croisèrent un break d'où une main surgit pour jeter une canette rouge et noire vers la forêt. Alice klaxonna rageusement puis affirma que le propre de l'homme n'est pas le rire mais la production de déchets. L'être humain est l'être du déchet, articula-t-elle comme si elle testait le titre d'un futur article sur le sujet. Il est la créature déchectuelle, peaufina-t-elle. Al Capone a plongé pour fraude fiscale, l'humanité plongera pour jets de détritus sur la voie publique, conclut-elle en semblant satisfaite de cette formule. Louis acquiesça en dodelinant de la tête, abasourdi par cette tirade qui semblait sortir d'un programme culturel bien que l'autoradio n'y soit pour rien. La Ford roulait entre deux interminables rangées d'arbres comme sur des rails. Louis n'osa pas rompre le silence qu'il soupçonna d'être méditatif du côté conductrice. Peut-être écrivait-elle un article de tête. Il sursauta lorsqu'elle tendit le bras vers la droite en annonçant : tyrannosaure! Louis tourna la tête dans la direction indiquée. Aucune grosse tête au sourire canaille ne dépassait des arbres. Ils ont trouvé un squelette très bien conservé de tyrannosaure, précisa Alice, il est au musée d'Ottawa. Louis grommela comme pour approuver cette décision. Elle le regarda en coin. Il dodelinait de la tête avec nonchalance. Il dodeline beaucoup, ce type, pensa-t-elle. Un début d'Alzheimer? Elle voyait en lui un rébus récalcitrant. Malgré son savoir-faire professionnel, elle n'avait pu le mettre suffisamment en confiance pour qu'il donne les véritables raisons de son voyage. Il se présentait comme un touriste mais revenait de nulle part sans en ramener aucune photo ni d'autre commentaire qu'un sobre : c'est un coin très très frisquet. C'est avec réticence qu'il avait consenti à dire quelques mots sur ce séjour où il semblait surtout avoir fait de la motoneige, mangé des biscuits frits dans de la graisse de phoque, claqué des dents et vu des manchots empereurs. Malgré sa barbe de trois jours et son bonnet commando, ce Français rondouillard n'avait rien d'un baroudeur. Elle l'avait cependant trouvé loin des autoroutes touristiques, hors de portée des tour-opérateurs, dans un hôtel surtout fréquenté par des Canadiens, et son article sur les chasseurs d'icebergs l'avait touché à tel point qu'il avait reporté son retour en France. Il titillait sa curiosité. Il cachait quelque chose. Pas pour longtemps, décida-t-elle.

La nuit approchait, la forêt se resserra sur la Ford. Louis sommeillait. Les phares balayaient des troncs sombres et massifs, cadenassés dans une fixité menaçante. Le motel n'était plus qu'à quelques kilomètres. Alice avait hâte d'arriver. Elle aimait les chambres et les lits anonymes, tous ces lieux de passage lissés par la répétition des gestes standardisés d'un personnel indifférent. La Ford stoppa sur le parking du motel dans un mouvement de rocking-chair. Ouvrant les yeux, Louis vit un animal géant qu'il prit d'abord pour un dinosaure. Rose fluo, le castor rongeait un poteau vert fluo, lequel tombait pour aussitôt se redresser et retomber sous la dent de l'animal. Il lui fallut voir le poteau tomber et revenir à la verticale quatre ou cinq fois d'affilée pour réaliser qu'il ne rêvait pas mais regardait l'enseigne du motel où ils passeraient la nuit. Alice parla d'un cauchemar à la Sisyphe pour ce castor condamné à ronger sans fin un poteau qui toujours se redresse. Le motel s'appelait Le Mât de cocagne. Ayant déposé leurs bagages dans les chambres, ils dînèrent ensemble. Alice avait mis un bandeau dans ses cheveux, des boucles d'oreilles et un chemisier d'un rose proche de celui du castor mythique, qui réveilla sa silhouette et renforça la fadeur de la chemise à carreaux beige et brique de Louis. Celui-ci fut surpris de la transformation opérée par un simple changement de vêtements, quelques accessoires et une touche de maquillage. Il découvrit qu'elle n'était pas seulement une journaliste à la langue bien pendue, mais aussi une femme. Pire, une femme séduisante. Par une curieuse association d'idées, il revit la femelle de manchot empereur tendre son cou vers lui et estima qu'Alice l'avait trop court pour aller au-delà de son assiette. Alice, de son côté, regrettait que Louis soit à tant d'années-lumière de ses standards masculins.

Elle utilisa néanmoins son arsenal de séduction pour le faire parler. Il lui fallait connaître la véritable raison de son voyage en Antarctique et de son intérêt pour les chasseurs d'icebergs. Inspirée par le castor sisyphien, elle remplit son verre au fur et à mesure qu'il le vidait. L'esprit de Louis ne tarda pas à clignoter comme le tandem du Mât de cocagne, mais il ne dit mot ni sur le grenier-banquise ni sur la Dream Team. Certains parlent pour deux ou mangent comme quatre. Louis, lui, pouvait se taire pour deux. Sous l'effet de l'alcool il se taisait différemment qu'à jeun mais tout autant. Ce silence finit par engluer Alice qui renonça à faire la conversation. La soirée se termina en douceur dans les méandres sirupeux de leurs coulis de framboises. Accompagné des dodelinements de basse intensité de Louis, ponctué d'anodines remarques sur le repas et le service, ce silence pouvait passer pour celui d'un couple au long passé commun, en accord sur la gestion du quotidien, mais n'ayant plus grand-chose à se dire.

Ils se retrouvèrent au petit déjeuner. Déjà attablée, Alice consultait une tablette numérique qu'elle rangea lorsque Louis la rejoignit. Elle n'avait pas commencé à se servir. Elle l'attendait. Il en fut ému. Personne ne l'attendait depuis bien longtemps. Elle lui demanda s'il avait bien dormi.

Il répondit que oui, mais qu'il avait dû se lever peu après s'être couché pour tirer les rideaux car le castor n'en finissait pas de ronger son poteau. Le café bu et les pancakes terminés, Alice sortit la tablette de son sac et la posa sur la table. Sur l'écran, un homme assis sur un banc contemplait un spectaculaire iceberg aux contours ciselés, une masse de glace sertie dans des eaux d'un bleu méridional et qui se découpait sur un ciel sans nuage. L'image de cet homme vu de dos renvoya Louis à ses propres contemplations de la rade de Toulon. Ses vêtements ressemblaient à ceux de l'homme, informes et de cette couleur papier kraft dont s'enveloppent les personnes âgées comme si elles se considéraient comme des colis sans valeur, que personne n'aurait souhaité recevoir. Même la casquette du personnage rappelait celle qu'il mettait machinalement dès qu'il sortait de chez lui, quel que soit le temps, pour compléter son uniforme de retraité. Alice indiqua qu'il s'agissait de la page d'accueil du site iceberghere.com, visité par les chasseurs d'icebergs pour localiser leurs proies et par les agences de tourisme pour sélectionner les plus beaux spécimens. Une cartographie actualisée indiquait le positionnement et le trajet prévisible des icebergs. Le site servait aussi aux pêcheurs professionnels souhaitant éviter les secteurs encombrés de glaces flottantes. Il proposait des liens vers divers sites commerciaux; ceux des producteurs de L'Eau Polaire, des brasseurs des bières Iceberg Beer et Groenland Ale ou encore vers la page d'Iceberg Vodka. L'internaute pouvait également visiter les sites d'agences telles qu'Iceberg Tours ou Iceberg World, spécialisées dans les safaris d'icebergs. Alice expliqua que tour-opérateurs et chasseurs étaient en concurrence et souvent en conflit. Les premiers accusaient les chasseurs d'icebergs de ronger leur fonds de commerce, ceux-ci reprochaient aux agences de tourisme de ne pas se contenter des icebergs côtiers et de se livrer entre elles à une surenchère les conduisant au large vers des icebergs toujours plus gros. Louis admira la dextérité digitale d'Alice. Son index effleurait l'écran tactile, faisant apparaître des publicités pour des eaux et des boissons à base d'eau préhistorique, des chalutiers tractant leurs prises, une usine d'embouteillage. Il se sentit intégré à un plan d'action d'envergure, conduit par une professionnelle de l'investigation qui le soir devenait une femme séduisante. Il songea avec amertume que la veille, face à elle, il ne s'était pas senti rajeunir mais vieillir en accéléré. Lise disparue, il avait endossé la panoplie mentale du veuf qui envisage les années restantes comme une salle d'attente aux murs ornés de quelques panonceaux consensuels tels que « La santé d'abord », mais sa rencontre avec le Flamand avait poussé les murs au-delà de l'imaginable, et la température de la planète lui importait désormais infiniment plus que son taux de cholestérol même si, la veille, face à Alice, il avait passagèrement regretté l'âge de ses artères.

Ils reprirent la route avec un dernier regard au castor obstiné. Alice se cala derrière le volant, la Ford dans son ronronnement et Louis dans son rôle de passager flegmatique. Ils formaient désormais une équipe dont Alice était l'élément moteur, Louis l'élément dodelinant. Elle s'était abondamment documentée sur la chasse à l'iceberg et fit à Louis un topo sur le sujet. Il y a quelques années, lorsque leurs bateaux n'étaient pas équipés, les chasseurs d'icebergs tiraient au gros calibre sur les blocs de glace pour les fragmenter en morceaux faciles à embarquer. La chose hérissait les tour-opérateurs dont les clients venaient non seulement voir les icebergs mais aussi jouir du silence (glacial) des lieux. Cette pratique, encore en vigueur chez les chasseurs occasionnels, déplut à Louis qui émit un petit grognement. Il n'ignorait pas que Terre-Neuve est aux antipodes des contrées où vit le manchot empereur mais avait déjà développé une vision globale. Parmi toutes les paraboles qu'on lui attribue figure en bonne place celle comparant la Terre à une maison commune où chaque coup de feu tiré dans une pièce résonne dans toutes les autres pièces. Cette parabole, qu'elle soit l'œuvre d'Alice ou bien la cristallisation d'une conscience commune dont Louis fut l'exemplaire incarnation, reste néanmoins représentative de l'esprit louisien.

Le roulis de la Ford aidant, Louis s'endormit. Il rêva à la Dream Team qu'il vit flotter dans l'océan, ses douze membres debout sur un iceberg encerclé par des chalutiers d'où tiraient des hommes vêtus de cuirs à franges, armés de Winchester et portant une barbiche pareille à celle de l'élan de l'hôtel de St. John's. Ces tireurs, tous identiques, étaient des clones de Buffalo Bill tel que l'enfant Louis l'avait vu représenté dans une bande dessinée. Chaque coup de feu engendrait une onde sonore qui fissurait les flancs de l'iceberg et culbutait à l'eau l'un des membres de la Dream Team. Au contact de l'eau noire, le naufragé se transformait en une tête d'élan empaillée qui meuglait en roulant des yeux avant de sombrer. Le rêve prit fin alors que le dernier membre de la Dream Team s'engloutissait dans l'océan sans se transformer en tête d'élan mais après avoir échoué à monter sur l'armoire flamande qui flottait à quelques centimètres de lui. Louis se réveilla agrippé au couvercle de la boîte à gants qu'il avait saisie comme une planche de salut. Il fut soulagé de se voir recadré dans la réalité par les rangées de conifères bordant la route. Alice lui demanda s'il était sujet aux cauchemars. Louis se contenta de grommeler en refermant délicatement la boîte à gants. Il n'était pas question qu'il parle de ce rêve, ni des visions engendrées par le yoga du froid. Après quelques minutes de ce silence bitumeux que Louis sécrétait sans effort, elle confia à son passager qu'elle-même faisait un cauchemar récurrent depuis son adolescence. Elle rêvait d'un chien trottinant sur le bord d'une route. Un chien ordinaire qui longeait une chaussée, truffe au sol. Elle ne dit rien de plus et Louis, un peu gêné, finit par demander si c'était tout. Il ne voyait pas très bien en quoi un chien qui trottine sur le bas-côté d'une route est un cauchemar. Alice lui raconta alors comment, adolescente, elle avait lu avec passion l'histoire de Joseph K., un homme ordinaire qui avait été condamné et exécuté sans même qu'il sache pourquoi. Son erreur, l'erreur de Joseph K., avait été de chercher un motif où il n'y avait que des gestes, certes menaçants mais qui seraient partis comme ils étaient venus, nuage de mouches lassées de leur propre agitation. Il n'aurait pas dû se prendre à ce jeu devenu mortel parce qu'il y avait participé, en voulant en comprendre les règles. L'histoire de Joseph K. aurait pu la conduire vers la métaphysique ou le droit pénal. Elle avait préféré devenir journaliste pour s'intéresser aux faits et à leurs causes, aux gestes et à leurs conséquences. Louis comprenait autant que s'il lui était poussé une tête d'élan empaillée. Il ne voyait pas le rapport entre un chien errant et ce Joseph Cas. Il pensa au professeur toulonnais et à sa philosophie au jus de boudin. Refusant d'entrer dans ces pensées tordues, il dodelina de la tête puis contempla la forêt, la même depuis deux cents kilomètres. Alice ne se laissa pas troubler par ce peu d'intérêt. L'histoire de Joseph K. est celle de tout être humain, poursuivit-elle. C'est une histoire sur la condition humaine. L'homme vit en sachant qu'il va mourir, il veut donner un sens à son existence mais il se dissout dans les gestes du quotidien. Et le chien, dans tout ça ? demanda Louis qui n'entendait pas se laisser entortiller par des considérations fumeuses. Le chien, répondit Alice, je ne sais pas… C'est comme s'il suivait une piste qui ne mène à rien et il finira par crever tout seul au bord de cette route. Un peu gêné par cette confidence qui plombait l'atmosphère, Louis ouvrit et referma plusieurs fois la boîte à gants comme pour vérifier qu'il n'en avait pas abîmé les charnières. Il se sentit une petite supériorité sur Alice dont le rêve lui paraissait assez maigre, comparé à ses propres visions. Magnanime, il suggéra que ce chien suivait une odeur et voilà tout ; ce pouvait être celle d'un autre animal ou celle qui le ramènerait chez son maître.

D'ailleurs, ajouta-t-il, c'est peut-être le chien de ce Joseph Cas. Elle trouva ces deux interprétations intéressantes. Les deux interprétations sont complémentaires, un trousseau vaut mieux qu'une seule clé, approuva-t-elle.

St. Anthony est une petite ville de la province de Labrador-et-Terre-Neuve qui étale ses maisons colorées sur les rives de l'anse aux Méduses et cumule plusieurs atouts touristiques. Les animaux ayant donné leur nom à cette baie en sont absents mais leurs ombrelles pourraient éclore sans causer aucun désagrément car personne ne se baigne dans ces eaux glaciales. Les méduses n'existent qu'à l'état adjectivé et restent donc invisibles aux touristes, tout au contraire des Vikings dont pointent les cornes des casques et se gonflent les voiles des drakkars à leur intention. Les Vikings ont débarqué dans l'anse aux Méduses aux alentours de l'an mil, y ont vécu quelque temps avant de connaître une éclipse de plusieurs siècles puis de réapparaître dans un mélange un peu kitsch, entre souci du détail historique et mises en scène sorties d'un album d'Astérix et Obélix. Le site occupé par les Vikings a été reconstitué, un musée construit et des drakkars aux proues bestiales naviguent parfois au-dessus de l'absence de méduses lors d'une reconstitution de ce débarquement historique. Mais l'office du tourisme ne mise pas tout sur les Vikings et, en saison, organise un festival d'icebergs. Si les Vikings font partie du patrimoine culturel de St. Anthony, les icebergs en sont le patrimoine naturel saisonnier.

Un site d'observation a été aménagé à quelques minutes à peine de la ville, annonça Alice, penchée sur son guide. Elle avait garé la Ford sur le parking du Haver Inn, un des deux hôtels de St. Anthony. Louis n'était pas mécontent qu'elle continue à prendre les choses en main. C'était une femme organisée malgré ses rêves tordus et il se voyait bien fignoler une petite sieste pendant qu'elle se renseignerait sur la possibilité d'embarquer à bord d'un chasseur d'icebergs. Plus tard, Alice serait abondamment interrogée sur Louis, sur sa personnalité, sur son sens de la communication. Elle ferait de son mieux pour ménager la légende sans verser dans la pure fiction, interprétant les fréquentes somnolences de Louis comme une capacité à s'abstraire de son environnement et ses dodelinements comme des exercices de concentration.

Ils prirent les clés de leurs chambres et Alice lui proposa de se retrouver devant la réception sitôt leurs bagages déposés. Elle voulait se rendre au site d'observation des icebergs sans trop tarder. Après l'interminable défilé des conifères et l'horizon borné de la route elle aspirait à contempler de vastes étendues d'eau, de larges portions de ciel. S'ils avaient de la chance, espéra-t-elle, ils verraient un ou même plusieurs icebergs. C'est un peu tôt dans la saison pour en voir beaucoup ou de très gros, avait prévenu la réceptionniste, mais même sans icebergs le point de vue sur la baie reste superbe. Louis, lui, aspirait à faire un petit somme pour repartir ensuite du bon pied. Qui veut voyager loin ménage sa monture, énonça-t-il à Alice qui eut un mouvement d'humeur devant cette première manifestation d'indépendance de Louis. De plus, elle détestait les dictons. Ils lui rappelaient que sa mère les avait quittés, elle et son père, en criant un obscur « les chats ne font pas des chiens » avant de claquer bruyamment et à jamais la porte. Une brève négociation coupa en deux l'heure de sieste envisagée par Louis qui prit l'ascenseur vers les trente minutes obtenues tandis qu'Alice partait à pied pour un premier contact avec la ville.

Louis était un homme de sieste mais aussi de parole. Il se présenta dans le hall l'air abasourdi, les joues fripées mais pile à l'heure convenue. Son dodelinement se figea quand il constata que seul un jeune couple attendait dans les fauteuils du petit salon. S'il ne s'énervait jamais, il pouvait à l'occasion s'agacer d'un détail. L'absence d'Alice, son retard, l'agacèrent. Ils lui donnèrent deux motifs distincts d'agacement bien qu'il soit difficile de dissocier l'absence du retard. Pourtant, rien de son aspect extérieur n'aurait permis à un éventuel observateur de déceler cette légère contrariété. Seule Lise avait eu l'expérience et l'attention nécessaires pour déceler la chose. Elle lui disait alors : « Je te sens comme un fond de contrariété », sur le même ton que lui-même employait en annonçant : « Le fond de l'air se rafraîchit. » Louis eut juste le temps de remarquer que ce hall n'était pas cornu comme celui de l'hôtel de St. John's, qu'Alice surgit par la porte à tambour. Elle apporta avec elle un grand courant d'air froid et Louis eut un dodelinement d'approbation devant cette arrivée tournoyante qui rachetait ses quelques minutes de retard et d'absence. Alice lui dit d'emblée qu'il n'avait rien manqué. La ville était insipide et le froid, soutenu par une forte humidité, particulièrement traître. St. Anthony valait par sa position privilégiée sur la route migratoire des icebergs, pas pour son architecture. Ayant le triomphe modeste, Louis répondit que sa sieste non plus n'était pas inoubliable. Il suivit Alice dans la porte à tambour où, comme à l'aller, il se positionna avec circonspection et tourna avec mesure. Il y avait peu de monde dans les rues. La cause n'en était pas l'heure creuse. C'était une petite ville calme dont ils découvraient le rythme de croisière ordinaire. Il faudrait attendre plusieurs semaines pour que les deux hôtels affichent complet et que des camping-cars convergent massivement vers l'anse aux Méduses. La population d'icebergs se densifierait et les Vikings grossiraient leurs troupes pour affronter au mieux la pleine saison touristique. Pour l'heure, les réservistes vikings œuvraient dans le tertiaire, l'exploitation forestière, la pêche, le commerce, ou se désœuvraient dans l'intermittence spectaculaire.

Alice et Louis descendirent la rue principale puis tournèrent dans celle qu'un panneau indiquait mener au site d'observation des icebergs. Si elle ne brillait pas par son architecture, la ville se rattrapait par l'étonnante propreté de ses rues. Louis le fit remarquer tout en nuançant qu'elles n'étaient sans doute pas assez fréquentées pour être salies. Ils longèrent une petite mare où les allées et venues de quelques canards contrariaient les désirs expansionnistes d'une pellicule de glace ayant annexé les berges. Le froid gelait par avance tout projet de fontaine, muselait les jardins d'enfants dont les bacs à sable étaient de glace l'essentiel de l'année.

Ils atteignirent rapidement le site d'observation des icebergs. La baie leur ouvrit grand ses deux bras rocheux. La vue sur l'océan était large et profonde. Alice désigna trois masses qui se déplaçaient au loin avec la lenteur des nuages. Deux gros blocs de glace en précédaient un plus petit, couple suivi de son enfant. Ils brillaient sous le soleil. Des icebergs tabulaires, murmura-t-elle comme pour ne pas les effaroucher. Elle mit une pièce dans la lunette et laissa Louis regarder en premier. Il ne fit aucun commentaire. Il avait vu assez de glace durant son bref séjour en Antarctique pour le reste de ses jours. Regardant à son tour, elle estima leur poids à une centaine de tonnes pour les plus gros, la moitié pour le petit. Ils poursuivraient longtemps encore leur périple, disparaîtraient par fonte naturelle ou alimenteraient l'industrie locale des eaux minérales, alcools et sodas. Cette glace existait bien avant que les Vikings débarquent dans l'anse aux Méduses, longtemps avant que l'homme produise ses premières émissions de carbone en cognant deux silex ou en faisant tourner une baguette de bois sec. Alice et Louis restèrent là, accoudés au garde-fou, engourdis par cette semi-paralysie qui s'empare de l'être humain confronté aux grandes démonstrations de la nature, l'autre moitié de leur paralysie étant due au froid qu'aiguisait une sournoise brise de mer. Louis aurait aimé voir surgir un drakkar d'où monteraient des chants barbares et des appels de trompe moyenâgeux, mais seuls quelques oiseaux marins donnaient vie au silence délicatement brodé par le ressac sur les rochers. Il était temps de se rendre au port où Alice savait trouver le *Nathanaël*, un chasseur d'icebergs local.

Le chalutier était à quai, sa haute proue tournée vers le large, son pont arpenté par deux hommes qui parlaient sous un bras hydraulique. En les voyant, l'un d'eux se porta à leur rencontre avec un grand sourire. Jeune, barbu et cordial, le patron du *Nathanaël* engagea volontiers la conversation. Alice se présenta comme une journaliste travaillant en free-lance. Elle dit qu'elle souhaitait faire un reportage sur les chasseurs d'icebergs pour rendre justice à cette profession méconnue qui retire de la mer des blocs de glace dangereux pour la navigation et permet de proposer les boissons les plus saines du commerce. Présenté comme son assistant, Louis se contenta de dodeliner de la tête de temps à autre, découvrant la capacité d'Alice à mentir avec un aplomb stupéfiant. À l'entendre, l'Iceberg Vodka, l'Iceberg Beer et la Groenland Ale étaient des alicaments ! Alice affirma vouloir faire découvrir à ses lecteurs le métier hors du commun de ces nouveaux aventuriers qui contribuent à préserver les ressources halieutiques en se reconvertissant, tout ou partie de l'année, à la récupération des icebergs. Le patron du *Nathanaël* ne parut pas surpris par sa demande d'embarquer et accepta de les emmener dès le lendemain. Il avait adhéré aux paroles d'Alice mais surtout, nota Louis, à la bouche d'où elles sortaient. Il remarqua alors qu'Alice avait enduit ses lèvres d'un gloss pailleté qui les faisait scintiller comme deux minuscules icebergs rosés. Sans doute le barbu aurait-il volontiers fait sa proie de cet iceberg qui inversait les rôles en le faisant fondre, lui. Louis éprouva un sentiment inattendu. Il trouva désagréable que le capitaine du *Nathanaël* se fasse ainsi manipuler. Il aurait dû se faire attacher au bras hydraulique et se boucher les oreilles à la cire. Esprit droit, Louis n'aimait pas se sentir complice d'une tromperie même s'il savait que, sans Alice, il ne pourrait pas embarquer à bord d'un chasseur d'icebergs. Il devrait se contenter de prendre un billet chez un tour-opérateur pour voir des icebergs aux côtés d'autres touristes, ce qui ne correspondait pas à son statut de baroudeur. La fin justifie les moyens, se convainquit-il.

Le capitaine paraissait flatté qu'on s'intéresse ainsi à son activité. Il regrettait qu'elle soit si méconnue et si peu populaire. Il les invita à visiter rapidement le *Nathanaël*. Adapté à son nouvel emploi, notamment par la toute récente installation d'un bras hydraulique, le chalutier tractait les icebergs du lieu de capture jusqu'au port où ils étaient débités et chargés dans des camions qui les transporteraient à l'usine d'embouteillage. S'ils étaient trop gros, le bras hydraulique les fragmentait sur place et les blocs ainsi prélevés étaient mis en cale.

– La glace quitte son rôle subalterne d'agent conservateur du poisson pêché, elle devient elle-même la marchandise, s'enthousiasma le capitaine en agitant les bras. Louis trouva qu'il en faisait un peu trop, de même qu'Alice exagérait dans l'approbation de chacune de ses paroles qu'elle recueillait avec un sourire pulpeux. Après un rapide coup d'œil au poste de pilotage, ils furent invités à descendre un étroit escalier de métal. Louis découvrit avec une certaine inquiétude que les minuscules cabines où ils pourraient passer une voire plusieurs nuits si l'iceberg se faisait désirer se trouvaient sous la ligne de flottaison. Ils furent présentés à deux membres d'équipage qui leur souhaitèrent la bienvenue à bord. Revenus sur le pont, Alice et Louis prirent congé du capitaine, devenu Marc. Le *Nathanaël* appareillerait à cinq heures le lendemain. Marc leur conseilla de passer à la pharmacie s'ils étaient sujets au mal de mer et d'être ponctuels. Ils étaient les bienvenus, mais il ne pourrait pas les attendre.

Après avoir quitté le chasseur d'icebergs, ils retournèrent à l'hôtel en s'arrêtant dans une pharmacie dont la vitrine proposait divers produits mis en scène sur de petits icebergs tabulaires en plastique. Voiles colorées, rames bien en ligne, des drakkars naviguaient entre des boîtes de talc et de crème pour les mains. Des brumatiseurs d'eau préhistorique s'alignaient sur le comptoir, encadrés par un brontosaure et un tyrannosaure portant les traces de nombreux combats, sans doute orchestrés par le ou les enfants de la pharmacienne. Louis acheta du Stoponosé, dodelinant de satisfaction d'avoir trouvé un produit francophone. Il aimait prendre connaissance des notices des médicaments et respectait scrupuleusement la posologie et autres indications. Et, faute de la rubrique nécrologique du *Var-Matin*, il aurait quelque chose à lire avant de s'endormir.

La nuit tomba rapidement. Ils dînèrent dans la salle puissamment neutre de l'hôtel. Louis était d'humeur grognonne. Il stationnait devant chaque plat proposé en libre-service, hésitant longuement avant de se décider. Un algorithme de la grognonnerie semblait s'être emparé de lui. À table, Alice s'inquiéta de son silence ponctué de coups de fourchette renfrognés, ce qui rendit Louis encore plus grognon. Il mentit en disant qu'il était très sensible au mal de mer et que le Stoponosé ne servirait à rien. Le fait est qu'Alice ayant déglossé ses lèvres, il en ressentait une déception confuse. Il se sentait floué, considéré comme un meuble. De plus, Alice s'empressa de lui donner des conseils quasi maternels pour prévenir le mal de mer. Elle finit par proposer de reporter la sortie en mer à bord du *Nathanaël*. Sans doute Louis avait-il surtout eu envie de se plaindre et d'être consolé, car son coup de fourchette se fit alors taquin, piquant une rondelle de carotte par-ci, enlevant un cube de betterave par-là. Au dessert, il tailla son île flottante en iceberg tabulaire, allant jusqu'à affirmer qu'il avait hâte d'embarquer.

Lorsque le réveil sonna, Louis se sentit éjecté d'un rêve où des formes sombres et fuselées glissaient sans bruit dans des eaux opaques. Il n'avait jamais aimé se lever tôt. Lorsqu'il avait été sommé de choisir une formation professionnelle, la boulangerie était apparue à Fuck Dog Louis comme la chose à éviter absolument. Il s'habilla à toute vitesse en commençant par son bonnet commando. Il n'eut pas à attendre Alice, déjà dans le hall, vêtue d'une parka jaune canari qui brutalisait la moquette brunâtre et percuta l'œil mal réveillé de Louis. Elle finissait de s'enduire les mains d'une crème achetée la veille dans la pharmacie où Vikings et dinosaures se partageaient le marché des produits de confort. La porte à tambour les téléporta dans un univers parallèle noyé dans un brouillard compact qui encagoulait les réverbères d'un halo contracté, comme si la lumière se roulait en boule pour se réchauffer. Le froid rappela immédiatement Louis à l'ordre, qui rabattit la capuche de sa parka sur son bonnet commando. Ils se hâtèrent en silence dans les rues escamotées, penchés vers l'avant tels deux religieux en route vers un office de nuit. Le bitume crissait sous leurs pieds, leurs poings se crispaient à l'intérieur des gants. Un souffle glacé les gifla dès qu'ils débouchèrent sur le port. Ils furent soulagés lorsque la silhouette du *Nathanaël* surgit quelques mètres devant eux, tardivement révélée par l'éclairage brouillé du ponton. Veillant à ne pas glisser, ils franchirent la passerelle dans un silence coloré de quelques clapots assourdis et de bruits provenant de l'arrière du bateau. Marc vint les accueillir sur le pont. D'une voix assourdie par le brouillard, l'heure, l'ambiance recueillie du port, il leur demanda s'ils n'avaient pas eu trop de mal à se lever et les conduisit dans le carré. Les trois membres d'équipage les saluèrent sobrement, levant à peine la tête de leurs tasses où fumait un café dont l'odeur emplissait la pièce. Marc félicita Alice pour sa parka qui apportait une note ensoleillée sur le *Nathanaël*, tout comme l'accent de Louis, ajouta-t-il aussitôt et bien que celui-ci n'ait grommelé qu'un bonjour et un merci peu représentatifs de la tonalité varoise. Louis dodelina de la tête depuis le fin fond de sa capuche dont le garnissage de poils faussement animaux retenait de fondantes particules de brouillard. Peut-être Marc veillait-il à ne pas faire de favoritisme, en bon capitaine soucieux de maintenir la concorde à bord. Il dit à Louis que sa parka était parfaitement adaptée aux conditions météo. Les nôtres sont vert bouteille, précisa-t-il ensuite un peu platement ; à vrai dire ce sont des cirés, pas des parkas, enfin ça n'a pas d'importance sauf que tout à l'heure sur le pont je vous conseille d'en enfiler un par-dessus vos parkas, il y aura des embruns, s'emberlificota-t-il avant de se rattraper par cette dernière et enfin utile précision. Allongeant le cou pour parvenir aux lisières poilues de sa capuche, Louis vérifia qu'Alice n'avait pas remis son gloss de combat et que le discours décousu du capitaine ne résultait pas d'une déconcentration due à des lèvres à la luisance sournoise.

Les moteurs du *Nathanaël* ne tardèrent pas à tapoter amicalement le silence portuaire, en sourdine, comme pour lui promettre que ça ne durerait pas, et en effet le chalutier quitta presque aussitôt le quai, s'engloutissant dans l'obscurité. Le carré était agréablement chauffé, baigné de cette gravité qu'à toute chose apporte la nuit. Louis constata avec satisfaction que, pour l'instant, ça ne tanguait presque pas. Il s'assit à la table dont il nota qu'elle était vissée au plancher. Débarrassé de sa parka et du corridor fourré qui jusqu'alors canalisait son regard, il lança un coup d'œil à la ronde. Aucun meuble, ustensile ou objet n'était laissé en liberté sinon à titre provisoire. Les tasses, les couverts, les soucoupes de pancakes, les pots de confiture et de sirop d'érable, le pain, le beurrier bénéficiaient d'une permission de sortie avant de réintégrer réfrigérateur et tiroirs. Ces derniers étaient équipés de loquets laissant présager que le *Nathanaël*, pour l'heure paisible percheron, pouvait à l'occasion se transformer en mustang et passer du trot à la ruade. Mais le pire n'est jamais sûr, se rassura Louis, et mieux vaut prévenir que guérir, ce qui lui fit prendre de l'Altonosé sans plus tarder. Marc les invita à se servir en leur recommandant de ne pas se presser. La navigation ne faisait que commencer et le brouillard les accompagnerait un bon bout de chemin. Il n'y avait rien à voir à l'extérieur, pas grand-chose à faire à l'intérieur. Ils étaient donc là, tous les six, à beurrer leurs pancakes, à boire du café en silence. Alice et Louis se sentirent progressivement incorporés au *Nathanaël*, inclus dans son roulis régulier et dans son odeur métallique, superficiellement masquée par celle du café. L'équipier qu'ils n'avaient pas encore vu restait invisible, installé dans le poste de pilotage d'où il avait dirigé le chalutier entre les balises portuaires. Le *Nathanaël* participait à leur conversation à sa manière, la soutenant de la basse continue de ses moteurs, intervenant avec quelques pizzicatti, divers craquements d'origine incertaine. On promit aux néophytes de faire passer le café avec de l'eau préhistorique sur le chemin de retour. Marc leur fit miroiter le spectacle d'une ou plusieurs baleines, et de leur queue s'ils avaient la chance de les voir sonder. Louis pensa que s'ils naviguaient au large de Toulon, Marc n'aurait pas hésité à promettre un sous-marin nucléaire, ou son périscope s'ils avaient la chance de le voir en phase d'érection. Tout ça pour se rendre intéressant, s'agaça-t-il à sa manière : son dodelinement habituel, plus ou moins circulaire, se verticalisa. Il se transforma en un hochement rectiligne, un piochage de faible amplitude mais significatif pour qui savait l'interpréter, c'est-à-dire personne depuis Lise bien qu'Alice commençât à s'y repérer dans les grandes lignes ; toutefois, impartial, il sut apprécier son autre promesse, celle d'un océan qui devrait rester calme. Le capitaine indiqua qu'ils avaient parfois dû abandonner un iceberg rendu dangereux par l'agitation des eaux, avant de le récupérer une fois le vent tombé en le localisant grâce aux technologies embarquées. Il arrivait parfois que des prises soient définitivement perdues. Pour l'heure, précisa-t-il, il s'agit juste d'être attentif tant que le brouillard persiste. De petits icebergs, faisant quand même plusieurs fois le tonnage du *Nathanaël*, pouvaient échapper aux radar et sonar.

C'est pourquoi tous les membres d'équipage se relaieraient à intervalles rapprochés pour surveiller les alentours du chalutier, équipés de jumelles à vision nocturne. Un des équipiers déclara que justement il prenait la relève et se leva en proposant à Alice et Louis de le rejoindre plus tard pour voir le soleil levant. Louis médita cette histoire de petits icebergs grands comme des montagnes. Le *Nathanaël* était bien mieux équipé que le *Titanic* mais Louis n'aimait pas l'idée qu'éviter une collision tienne en dernier ressort à la vigilance d'un seul homme. Certes, tous étaient des marins aguerris, mais il se rappelait avoir, du temps de la boutique de la rue Lavoisier, vidé le poivrier dans les rillettes parce qu'il avait rêvassé quelques instants comme il arrive parfois. Le marin relevé vint s'asseoir à la table en signalant que tout était calme, on était encore loin des parages où l'on pourrait trouver des icebergs. À moins qu'ils ne nous trouvent d'abord, compléta Louis pour lui-même tout en constatant que l'homme avait les yeux rouges. Il nota aussi que c'était le seul du bateau à être rasé de frais, ce qui laissait supposer qu'il avait peu dormi, peut-être même fait une insomnie. Ses yeux rouges et ses joues lisses indiquaient qu'il était debout depuis longtemps et manquait de l'indispensable sommeil dont se nourrit la vigilance. L'homme s'appelait Dusautoit, lui et Marc étaient cousins. Alice demanda s'ils pêchaient tout de même un peu, ne serait-ce que pour leurs besoins personnels.

– Oui oui, bien sûr, répondit Marc, tout à l'heure vous mangerez du poisson qui au moment où je vous parle est encore en train de nager.

– Faut aimer le poisson, quoi, intervint le cousin aux yeux rouges et aux joues lisses. C'est pourtant très bon, le poisson, poursuivit-il après un temps de silence, sur un ton plus élevé comme si quelqu'un avait mis ses propos en doute. Phosphore et oméga-3 si en plus il est gras, le poisson, persévéra-t-il en ricanant. Louis se demanda pourquoi cet insomniaque ricanait ainsi, sinon parce qu'il savait proche l'impact de l'iceberg qu'il n'avait pas signalé, sur lequel il avait peut-être même dirigé le *Nathanaël* pour mettre fin à des années d'insomnie tout en se vengeant des autres, de ces dormeurs dont il était devenu jaloux à la folie.

– Mais ça tombe bien, ils sont tous gras par ici, les poissons, précisa l'insomniaque suicidaire, sinon ils crèveraient de froid. C'est pas comme nous, expliqua-t-il à la cafetière qu'il fixa du fond de son inquiétante rougeur oculaire, nous les hommes on crève si on est trop gras. Les femmes aussi, observa-t-il en braquant sur Alice le même regard qu'il avait porté sur la cafetière. Plus c'est gras, le poisson, mieux c'est, conclut-il en se levant de table. Avant de quitter le carré, il se retourna :

la viande, la charcuterie, ce sont des crimes contre l'humanité. Cholestérol ! Obésité ! Athériosclérose ! Cancer !

Marc et l'autre membre d'équipage ne semblaient étonnés ni par cette chute, ni par le monologue l'ayant précédée. Louis n'apprécia pas du tout l'attaque contre la charcuterie. *In cauda venenum*, ne pensa-t-il pas. Alice interrogea Marc du regard. « C'est vrai qu'il peut surprendre quand on ne le connaît pas, plaida celui-ci, mais il gagne à l'être, connu. Il a été trader dans les fleurs utilisées par les fabricants de parfums. Ça a fini par lui tourner la tête, toutes ces récoltes de jasmin et de violettes, il a tout plaqué du jour au lendemain. Il a gagné assez d'argent pour ne plus avoir à travailler sa vie durant, mais il n'est pas du genre à se laisser vivre. » Au moins qu'il laisse vivre les autres, pensa Louis que le mot trader inquiéta. Pour lui, les traders étaient des types qui gagnaient beaucoup d'argent en criant devant des ordinateurs. Marc leur révéla que cinquante et un pour cent du *Nathanaël* appartenaient à son cousin qui envisageait de naviguer quelque temps encore avant de se reconvertir dans la diététique. « Mais il hésite encore, il réfléchit à la création d'un marché aux icebergs, ça l'amuserait d'être le premier trader d'icebergs. Enfin, comme c'est lui qui cuisine, on mange sain. Mais il a fallu se battre pour garder le beurre au petit déjeuner. »

Alice se dit qu'elle tenait là de quoi épicer son article. Elle avait déjà noté les gestes lents du cousin, gestes qui semblaient dissociés de ses paroles, nerveuses et saccadées, ce qu'heureusement n'avait pas remarqué Louis. Marc proposa d'aller voir le soleil levant.

Il se levait, le soleil, mais sans enthousiasme, étouffé par un brouillard réticent à valider les prévisions météo. L'océan était noir, glacé. Réservé aux poissons gras, pensa Louis en regardant les eaux profondément hostiles. Quoique, lui revint-il en mémoire grâce aux précisions maternelles, la baleine est un mammifère. Un mammifère gras comme un poisson mais un mammifère et donc un cousin de l'homme, comme le trader insomniaque est un cousin du capitaine, s'égara-t-il tout en soufflant sur les gouttelettes instantanément formées dans les poils de sa capuche. Il regarda Alice se déplacer sur le pont et se rendit compte qu'ils n'avaient pas mis les cirés vert bouteille recommandés par le capitaine mais ne s'en inquiéta pas. L'océan était très calme. Le brouillard persistait, on n'aurait pas vu une baleine à vingt mètres, encore moins sa queue. Après un moment d'attente déçue, tous redescendirent, laissant le marin de quart poursuivre son observation d'un horizon rétif qu'en vain Louis avait tenté de percer, le sourcil froncé. Le capitaine leur proposa quelques revues, d'écouter la radio, de s'allonger dans leurs cabines, s'excusant par avance de leur exiguïté. D'ailleurs, observa-t-il, rien ne s'oppose à cumuler ces trois possibilités. Les invités choisirent d'aller se reposer dans les petits compartiments où un lit s'accrochait à la cloison. Ils pouvaient s'endormir tranquillement, Marc leur ferait signe dès qu'il y aurait quelque chose à voir. Chacun entra dans son compartiment. Alice jeta quelques notes sur sa tablette, Louis se jeta sur le lit. Ce serait sa première sieste subaquatique. Le parfum floral des draps lui rappela qu'ils étaient à la merci du trader insomniaque.

Une main tapota l'épaule de Louis une petite heure plus tard. Ouvrant les yeux dans la pénombre, Louis reconnut le cousin et mit quelques instants à se persuader qu'il ne cauchemardait pas. Les yeux rouges du psychopathe flamboyaient à quelques centimètres des siens. Celui-ci dit alors, à sa manière saccadée, que le brouillard se dissipait enfin. Il proposa à Louis de monter sur le pont ou de se rendormir. Ce dernier voulut répondre qu'il se levait, le cousin avait déjà disparu. Il le retrouva avec les autres dans le carré. Tous reprenaient du café. Ça semblait être l'occupation principale dès lors qu'aucune tâche ne s'imposait. Un seul homme aux commandes suffisait à assurer la navigation. Habitué à ses deux expressos quotidiens, Louis hésita. Vous pouvez y aller, l'encouragea Marc, ce café n'est pas plus fort que de l'encre de seiche. Le cousin but sa tasse comme un échassier avale un poisson, renversant en arrière sa tête emmanchée d'un long cou. Louis se méfiait des gens maigres. Ils semblent avoir quelque chose à se reprocher. Trop de poissons gras rend maigre, trop de phosphore rend les yeux rouges et trop d'oméga-3 attaque l'élocution, pensa-t-il à titre de représailles. Il tendit son bras vers le sucre mais fut arrêté à mi-chemin par un tsss ! tsss ! du cousin qui avait rouvert les yeux après avoir dégluti sa tasse de café. Diabète ! Diabète ! menaça-t-il. Louis resta quelques secondes interloqué, le bras en l'air, puis de rage piocha trois sucres d'un coup. Il se força à boire un café bien trop sucré sous le regard réprobateur du psychopathe et se maudit de réagir comme un gamin. Il se resservit et, après avoir vérifié que personne ne le regardait, sucra son nouveau café comme à l'ordinaire, très peu, avec un demi-morceau.

Quand la cafetière fut vide, Marc proposa d'aller sur le pont. Il leur donna les cirés vert bouteille et tous montèrent à nouveau l'étroit escalier métallique. Le brouillard s'était replié au ras de l'eau, tassé en une couche encore assez épaisse mais sur la défensive, assiégée par un soleil qui compensait son absence de chaleur par un aspect de braise incandescente qu'aurait attisée la brise marine. Le *Nathanaël* gîtait assez fortement, quelques embruns parvenaient jusqu'au pont. Louis réalisa qu'on ne voyait plus les côtes et qu'il n'avait pas le mal de mer. Restait à savoir si cette impunité résultait des comprimés d'Altonosé ou d'un pied marin jusqu'alors ignoré. Il opta pour le pied, qui s'accordait bien avec son statut de baroudeur tout-terrain. Devant l'immensité océanique, il eut une pensée pour les Vikings qui s'étaient aventurés sur ces eaux noires à bord de navires en bois. Il apprécia d'être né français plutôt que viking et de naviguer à bord d'un bateau bourré de systèmes électroniques plutôt que sur le banc de rame d'un drakkar. Il imagina le cousin, vêtu de peaux de bêtes, appeler à l'assaut en soufflant dans une corne de bœuf, les yeux rouges du sang qu'il allait verser sitôt débarqué près d'un village.

L'océan restait vide. Pas de baleines, pas de glaces à la dérive. Le *Nathanaël* poursuivit sa route vers un horizon dégagé et sous un ciel sans nuage. La brume se dissolvait peu à peu et le soleil prit de la hauteur, retrouvant cette clarté de métal poli que Louis savait associée au froid intense. Ils restèrent quelques minutes sur le pont puis redescendirent dans le carré. Pour leur épargner de se rasseoir à cette même table où ils avaient déjà vidé plusieurs cafetières, Marc les conduisit dans la salle des machines. Contrastant violemment avec le calme océanique, le vacarme du moteur les enveloppa sitôt ouverte une porte portant un panneau explicite, traversé d'un éclair rouge sur fond jaune. Un réseau de canalisations couvrait entièrement les parois de ce compartiment d'où partaient le mouvement et la chaleur du chalutier. Ça sentait l'huile, le solvant. « La mécanique a été renforcée pour supporter le remorquage de grosses charges, c'est devenu un super-chalutier », indiqua Marc avec fierté. Ils ne s'attardèrent pas et montèrent dans le poste de pilotage où les balayages verdâtres de l'écran du radar confirmaient la vacuité de la quête en cours. Marc regretta qu'ils doivent autant naviguer pour trouver des icebergs alors qu'il s'en trouvait tout près des côtes. « Mais le gouvernement privilégie le tourisme qui fait rentrer plus de devises que l'eau préhistorique, expliqua-t-il en soupirant. Les politiques préfèrent l'argent facile à la santé publique.

– La santé publique ? interrogea Alice.

– Ben oui, répondit Marc, comme vous l'avez dit hier l'eau préhistorique est excellente pour la santé, elle est absolument pure.

– C'est vrai, c'est indiscutable, approuva Alice, mais il s'en vend trop peu pour parler de santé publique, non ? Et puis une partie entre dans la fabrication d'alcools…

– C'est bien là qu'est le problème, le gouvernement ne délivre pas assez d'autorisations, dit Marc. Plus on pourra exploiter d'icebergs, plus le coût baissera et plus la consommation augmentera. C'est une question d'échelle. On n'exploite pas assez cette magnifique ressource naturelle, du coup il n'y a que les gens ayant les moyens qui ont accès à l'eau la plus pure de la planète. Quant à la part d'icebergs utilisée pour les bières et alcools, elle est très faible.

– L'échelle ! » cria soudainement le cousin en levant deux doigts comme s'il enchérissait lors de la mise en vente d'une échelle ayant servi à une évasion célèbre. « L'échelle, tout est là ! Il faut industrialiser », poursuivit-il en bougeant l'un des deux doigts comme s'il augmentait son offre précédente, gravissant un barreau supplémentaire dans la surenchère pour acquérir l'échelle historique. « Il faut armer d'énormes flottes de chasseurs d'icebergs et concevoir des navires-usines qui embouteillent sur place, s'enthousiasma-t-il ! On fera fondre la banquise, on la pompera, on construira des pipelines pour l'acheminer vers les usines d'embouteillage ! Les prix baisseront tellement qu'on pourra se doucher à l'eau préhistorique ! »

C'est la première fois qu'il prononçait autant de mots d'affilée devant Alice et Louis, qui se regardèrent par-dessus l'épaule de Marc.

– Mon cousin est un visionnaire, tempéra celui-ci. La première étape, c'est obtenir des autorisations de capture autrement qu'au goutte à goutte. Dans la nature, les prédateurs chassent prioritairement les bêtes malades ou affaiblies. Les icebergs, ce sont les morceaux affaiblis de la banquise. On devrait même pouvoir les exploiter sans autorisation. C'est une question de salubrité publique.

– C'est comme des métastases, les icebergs ! renchérit le cousin en levant à nouveau deux doigts décidés. C'est des pertes blanches, s'oublia-t-il avant de lancer un regard en coin à Alice qui fit semblant de n'avoir rien entendu.

– On est les éboueurs de l'océan, osa Marc qui toutefois ne suivit pas son cousin sur le terrain digital, lui abandonnant la maîtrise de l'espace aérien.

Une série de petits bips se fit alors entendre. Sur l'écran, un point noir apparut à intervalles réguliers.

– Quand on parle du loup, dit Marc. C'est sûrement un iceberg, on doit être le seul bâtiment à des milles à la ronde.

Le *Nathanaël* mit le cap sur l'objet détecté par le radar.

C'était bien un iceberg. Il flottait calmement, ignorant une houle pourtant assez forte pour imposer sa cadence au *Nathanaël*. Marc l'estima à une quarantaine de tonnes. Une bonne prise, annonça-t-il comme si la chose était déjà faite. Alice prit quelques clichés de l'iceberg et de l'équipage qui s'affairait. Le pilote positionna le chalutier suffisamment près de l'énorme bloc de glace pour qu'Alice et Louis aient un mouvement de recul en voyant cette masse les dominer. Louis tira sur sa capuche en se disant que cette montagne de froid aggravait l'air environnant, déjà très très frisquet. Tous chaussèrent des lunettes de soleil pour se protéger de la puissante réverbération. Le *Nathanaël* fut maintenu à distance de la paroi de glace par les gaffes des hommes d'équipage tandis que Marc détachait quelques morceaux à l'aide d'un pic à glace.

– Pour le café, comme promis, précisa-t-il.

Puis il fit signe au pilote de s'éloigner et Louis vit avec soulagement le chalutier prendre ses distances avec le monstre. Un grand oiseau de mer traversa le ciel en lançant des appels criards.

– Un albatros, indiqua le cousin en suivant l'animal de son regard rouge. Un albatros, ça plane beaucoup, ça crie peu, ajouta-t-il de façon énigmatique.

Le chalutier ne s'éloigna de l'iceberg que pour le contourner tout en déroulant un gros câble muni de flotteurs. Accoudés au bastingage, veillant à ne pas gêner, Alice et Louis suivirent cette manœuvre d'encerclement. La circonférence de la proie nécessita d'utiliser la totalité du câble. Ainsi tenu en laisse courte, l'iceberg n'était qu'à une trentaine de mètres du *Nathanaël* qui devrait surveiller très attentivement ses arrières durant le trajet de retour.

– Si le temps forcit, il faudra l'abandonner, dit Marc. Mais ça devrait aller, c'est parti pour une période de grand calme.

Louis se dit que ce n'était pas si calme que ça. Le chalutier piquait du nez et se relevait en tendant brutalement le câble. Il semblait impossible qu'il puisse remorquer cette gigantesque masse de glace jusqu'à St. Anthony sans rompre l'attache ou se faire heurter par l'iceberg.

L'accrochage finalisé et le cap mis vers le port, un petit filet fut relevé qui déversa des poissons inconnus de Louis, quoique d'aspect ordinaire. Le cousin regarda la masse frétillante avec satisfaction. « Bien gras, les poissons du coin, apprécia-t-il ; ils vont crever, mais pas de froid. » Il ricana dans une fréquence assez proche de celle de l'albatros puis remplit un seau, sans doute en choisissant les plus gras. Il descendit ensuite l'escalier de métal menant au carré en sifflotant un petit air rauque.

– Il pourrait ouvrir un restaurant de poissons mais ça deviendrait vite une franchise, dit Marc. Il sait y faire, malgré ses airs d'original. Il voit les choses en grand.

– C'est de famille, observa Alice en jetant un regard inquiet vers l'iceberg qui semblait les suivre uniquement parce qu'il le voulait bien, amusé de laisser croire à ces nains en cirés vert bouteille qu'ils menaient le jeu.

– Le trajet de retour est calculé pour qu'on puisse profiter des courants ; la ligne droite n'est pas toujours la plus rapide, dit Marc. Vous avez de la chance, on a là un spécimen de taille idéale. Un poil plus gros, on n'aurait pas pu le remorquer. On va dire que vous nous portez chance, ajouta-t-il à l'intention d'Alice. On va faire une photo pour fêter ça.

Alice prit la pose avec Louis à la poupe du navire, avec l'iceberg en arrière-plan. Marc dut reculer au maximum et se mettre à genoux pour cadrer le colosse de glace. « Je la double », annonça-t-il en changeant de position. « La belle et la bête », dit-il en regardant l'écran de son smartphone. Louis trouva la formule inopportune. Si la bête était évidemment l'iceberg, c'est quand même lui qui se tenait aux côtés de la belle.

– Vous voilà immortalisés et amarinés, dit Marc.

– Amarinés ? interrogea Alice.

– Oui, vous vous êtes habitués à la mer, au rythme du bateau.

Marc voulut être photographié à son tour près d'Alice. Louis fit de son mieux pour que le cliché ne soit pas trop réussi.

L'heure du déjeuner arriva. Le cousin avait passé un tablier au motif écossais, lequel rappela ses charentaises à Louis. Il leur servit des filets de flétan en papillotes accompagnés d'un riz fumant piqueté d'herbes. Louis le regarda. C'était clairement un fanatique. Il dut cependant reconnaître que cet ayatollah des acides gras insaturés savait agrémenter son radicalisme d'herbes et d'épices bien choisies et bien dosées. Ça ne valait certes pas un bon jambon persillé dûment accompagné d'un bourgogne blanc et d'une salade verte convenablement assaisonnée, mais pour du poisson c'était pas si mal. Louis dodelina en signe d'assentiment lorsque Alice complimenta le cousin. Flatté, celui-ci bougea les épaules comme un oiseau de mer s'ébroue après une plongée. Tous reprirent du flétan sous son regard approbateur dont le rouge s'adoucit alors en lie-de-vin. Le repas terminé, le café passé à l'eau préhistorique fut servi. Alice et Louis le burent sous l'œil inquisiteur du cousin. Il n'est pas meilleur que celui du matin, estima Louis. Il est même moins bon, un peu acide. Au contraire du vin, l'eau ne doit pas se bonifier avec les années, garda-t-il pour lui, laissant Alice répondre ce que tous attendaient. Elle mentit à la perfection en affirmant que ce café était bien meilleur que celui du matin pourtant excellent. Louis se contenta de dodeliner de la tête de façon neutre, comme on applaudit en prenant soin de ne pas faire de bruit. Il s'en voulut de nourrir des pensées clandestines allant à l'encontre de la bonne ambiance qui régnait à table. Même le cousin lui sembla excusable. À chacun sa lubie, lui accorda-t-il généreusement sans même songer à la

Dream Team qu'il n'aurait jamais qualifiée ni laissé qualifier de lubie.

Marc s'excusa de ne rien proposer pour accompagner le café, il avait oublié d'embarquer les biscuits habituels. C'est pas plus mal, intervint le cousin, on mange trop de sucres. Louis se souvint alors de la boîte offerte par Ivaluardjuk qu'il avait emportée à tout hasard dans son sac à dos et dont il n'avait mangé que trois biscuits. Il proposa d'aller la chercher. Tous l'en remercièrent, voyant dans le grignotage de ces biscuits un moyen de grignoter aussi un peu du temps de trajet restant. Le cousin ne dit rien, bien qu'hostile à l'ingestion de biscuits forcément bourrés de sucre et composés d'ingrédients non validés par ses soins, beurre ou huile de palme hydrogénée.

Posée au centre de la table, la boîte fit son effet. L'étoile rouge, la faucille et le marteau se détachaient puissamment sur le fond gris du couvercle où s'inscrivaient également des caractères cyrilliques frappés en creux. Elle était compacte, d'un gris mat évoquant la métallurgie industrielle, d'immenses usines où le métal en fusion et le bruit des emboutisseuses ne fabriquaient pas le paradis du travailleur mais l'enfer du prolétaire. Tous la contemplèrent en silence. Alice prit une photo de ces symboles désormais vintage. Louis dut raconter d'où elle venait, devenant à son tour le centre de l'attention pour la première fois depuis qu'il était à bord du chalutier. Il produisit un compte rendu gris et compact comme la boîte alors que tous espéraient un récit épique avec chiens de traîneau, ours polaires et kayaks glissant entre des icebergs géants sur fond de coupoles russes et de défilés militaires présidés par des dignitaires en chapka. Alice n'en fut pas étonnée, elle connaissait l'animal et son minimalisme verbal. Il passa sous silence l'essentiel, la raison de son voyage en Antarctique, s'abstenant aussi d'évoquer sa fugitive rencontre avec la femelle manchot empereur et le coup de folie l'ayant conduit au bord de la mort. Il dodelinait de la tête entre les phrases, laissant ses auditeurs remplir les vides. Finalement, cette boîte venue d'un monde disparu s'avéra bien plus parlante que Louis et tous la regardèrent à nouveau. Un des marins, peu porté à la contemplation, proposa qu'on en goûte enfin le contenu.

Comme lors de sa première ouverture, le couvercle résista. La boîte avait été stockée plusieurs décennies, d'abord dans des entrepôts soviétiques puis probablement dans divers hangars et camions avant de finir dans la cave de glace d'Ivaluardjuk. Le goût initial des biscuits avait forcément été altéré mais c'était sans importance, ce paramètre bourgeois n'ayant pas été l'objectif recherché lors de leur fabrication. Un biscuit soviétique ne devait pas être bon mais efficace, seules comptaient ses qualités nutritives et de conservation ; il ne devait pas séduire l'individu mais servir la patrie. Le soldat de l'Armée rouge se nourrissait pour l'avenir des républiques socialistes soviétiques, pas pour jouir égoïstement d'un sablé ou d'un petuchki. Ces biscuits bénéficiaient probablement d'un procédé de très longue conservation – classé secret défense par le Kremlin –, renforcé par leur congélation dans la resserre d'Ivaluardjuk. Tous piochèrent dans la boîte pour sortir des rangs un rectangle brunâtre, rugueux et sans fioritures. Une nouvelle tournée de café à l'eau préhistorique accompagna ces biscuits historiques. Un membre d'équipage partit faire la relève, en emportant une poignée. Chacun grignota prudemment son rectangle dont les morceaux, une fois en bouche, fondaient lentement en une pâte collante à la saveur boisée. « Ça doit tenir au corps, remarqua Marc, un peu compact mais pas si mauvais. » « Oui, approuva Alice, c'est plutôt sympa. » Louis mastiqua sans mot dire, le cousin désapprouva en silence.

Ce fut Alice qui présenta les premiers symptômes. Elle se leva en demandant pourquoi le bateau flottait à l'envers. Ses yeux semblaient prêts à gicler de leurs orbites, sa voix vibrait d'inquiétude. Tous la regardèrent, abasourdis. Elle se jeta au cou du cousin en criant. On essaya en vain de la calmer, elle suppliait qu'on remette le bateau dans le bon sens. Louis resta figé de stupéfaction tandis que le cousin criait à son tour, à moitié étranglé par l'étreinte d'Alice. Marc et un autre marin la maîtrisèrent. Le cousin reprit difficilement son souffle en regardant Alice se débattre puis s'apaiser brusquement. Le rictus qui la défigurait s'effaça, remplacé par un sourire béat. Elle se laissa asseoir sur sa chaise. Ses bras pendaient tandis qu'elle fixait un point du sol en semblant approuver ce qu'elle voyait. Le bateau devait sans doute s'être repositionné dans le bon sens. Marc demanda à Louis si elle était épileptique. Celui-ci répondit qu'il n'en savait rien. Un des membres d'équipage observa qu'elle ne s'était pas mordu la langue et ne bavait pas. Son coéquipier rétorqua que ça n'avait rien à voir, mais qu'en effet ça ne ressemblait pas à une crise d'épilepsie. Louis tenta de se rappeler les symptômes de Fédor, le chien du père de Lise, mais ça remontait à plus d'un demi-siècle et un chien épileptique ne réagissait peut-être pas comme un être humain. Marc dit qu'il fallait la coucher et la surveiller, puis demanda à Louis de regarder dans son sac à main, il trouverait peut-être des cachets, une ordonnance, quelque chose expliquant cette crise ou pouvant la traiter. Louis approuva. Il sortit du carré et descendait l'escalier menant aux cabines quand tout se brouilla. Les parois ondulèrent, les marches se ramollirent sous ses pieds. L'air lui-même, devenu visqueux, se plissait en vaguelettes. Il s'appuya des deux mains sur la main courante et se sentit bouger avec elle. Son prénom lui parvint de très loin. Lise l'appelait. Il plongea vers elle. Puis il vit un visage penché sur lui. Ce n'était pas Lise mais Marc. Avec l'aide du membre d'équipage non contemplatif, il ramena Louis dans le carré où l'autre équipier veillait Alice qui souriait au plafond.

Louis fut assis à son tour sur une chaise. Il vit la barbe de Marc croître, recouvrir le sol d'un affreux tapis et leva ses jambes pour ne pas la toucher. Puis il cria en voyant ceux qui l'entouraient se déformer comme jadis Lise et lui dans le palais des glaces d'une fête foraine, à Toulon. « Toulon ! » Il se mit à scander ce mot en frappant du pied, piétinant ainsi le tapis barbu. « Toulon ! Toulon ! Toulon ! » Marc, le cousin et les membres d'équipage étaient effarés. Quelqu'un parla d'un putain de virus. Marc décida de demander de l'aide par radio. Il se dirigeait vers le poste de pilotage quand une violente secousse lui fit manquer une marche. Il se releva sans mal mais une seconde secousse puis une troisième l'obligèrent à se cramponner à la main courante. Arrivé au niveau supérieur il vit, à travers le vitrage du poste, le pilote donner successivement de grands coups de barre à tribord et bâbord. Il entra dans la cabine de pilotage et fit lâcher la barre à cette nouvelle victime de la folie qui s'était emparée du navire. Il redressa le *Nathanaël* puis envoya un message de détresse automatisé. Une voix se fit bientôt entendre, accusant réception du SOS. Marc ne répondit pas. Il regardait l'horizon et l'horizon le regardait. Le ciel, l'océan, la brise lui parlaient. Marc découvrait qu'il était Dieu ! Il regarda la radio d'où une voix insistante répétait des mots étranges. Les objets aussi lui parlaient ! Tout lui parlait et il parlait à tout sans même ouvrir la bouche !

En bas, dans le carré, le cousin était désormais le seul à rester lucide. Les deux membres d'équipage déliraient. L'un était accroupi dans un coin de la pièce, l'autre hurlait du rock. Le premier regardait dans le vide en numérotant les étoiles, les faucilles et les marteaux qui tournoyaient autour de lui, perdant le compte et reprenant à partir de zéro toutes les trente secondes. L'agité tapait du pied en mimant un jeu de guitare n'excluant pas le jeu bucco-dentaire de Jimi Hendrix. Le cousin l'observait avec inquiétude, l'idée l'ayant traversé que l'agité pourrait avoir celle de mettre le feu à sa guitare. Alice restait prostrée sur sa chaise, Louis secouait la tête et de temps à autre tapait du pied en scandant « Toulon ! Toulon ! Toulon ! » comme s'il soutenait une équipe sportive toulonnaise. Le *Nathanaël* se remit à gîter brutalement. Le cousin emporta la boîte d'allumettes du coin cuisine et monta l'escalier pour rejoindre Marc qu'il trouva debout à la proue du navire, les bras en croix. Il réussit à le faire revenir dans le poste de pilotage et à écarter le pilote qui, ayant repris les commandes, contournait en les insultant les invisibles icebergs dressés devant le *Nathanaël*. Le cousin répondit ensuite à la radio. Il expliqua au garde-côte que tous à bord étaient sous l'emprise d'hallucinations. On lui demanda de rester à l'écoute. Un silence se fit puis une nouvelle voix posa des questions précises. Combien de personnes atteintes ? Quels sont les symptômes ? Le cousin réfuta qu'il y ait du cannabis à bord et dut décrire le repas, flétan en papillotes, riz thaï biologique, salade de concombres au vinaigre de cidre, café préhistorique, puis, réalisant soudain qu'il était le seul à ne pas avoir mangé les biscuits du Français, hurla : « C'est les Rouges ! C'est les putains de Rouges ! C'est une arme bactériologique ! C'est une putain d'arme bactériologique à retardement ! »

Le silence se fit dans le haut-parleur d'où une troisième voix sortit après quelques minutes.

– Bonjour, je suis le capitaine Wilcock des gardes-côtes de St. Anthony, à qui ai-je l'honneur ?

– Jonathan Dusautoit, je suis le second du *Nathanaël*.

– Bien. Monsieur Dusautoit, c'est quoi, ces cris qu'on entend ?

– C'est le pilote ! Il crie sur les icebergs ! Il délire !

– Vous naviguez entre des icebergs ? interrogea Wilcock.

– Mais non, le seul iceberg du secteur on le remorque, il est derrière, pas devant. Arrêtez avec vos questions et envoyez des secours !

– Et les Rouges, ils sont où ?

– Les Rouges ? s'étonna le cousin.

– Oui, vous avez parlé des Rouges et d'armes bactériologiques, rappela le chef des gardes-côtes.

– Dans les biscuits, ils sont dans les biscuits de l'Eskimo, Ivalukrakeduk ou je sais pas quoi ! Ils sont dans la boîte soviétique du Français.

– Bon, monsieur Dusautoit, voilà ce qu'on va faire. Vous coupez les moteurs du bateau, vous jetez l'ancre et vous restez où vous êtes, près de la radio. Tout va bien se passer. On envoie une équipe pour s'occuper des Rouges, on les aura, ne vous inquiétez pas, les forces spéciales arrivent.

– Les forces spéciales contre des biscuits ? interrogea le cousin aux nerfs épuisés.

– Oui oui, ça va aller, on envoie un commando des forces spéciales antibiscuits, voulut le rassurer le capitaine Wilcock.

Le cousin regarda la radio puis le marin qui se tenait à distance en lorgnant la barre, et Marc qui bénissait l'océan en ouvrant ses bras. Il n'osait imaginer ce qui arriverait si le vent se levait avant l'arrivée des secours. L'urgent était de contrôler le poste de pilotage et d'y maintenir Marc avant qu'il ait l'idée de marcher sur l'eau.

L'hélicoptère des gardes-côtes ne tarda pas. Le capitaine Wilcock vit le *Nathanaël* qui semblait attaché à un iceberg plutôt que l'inverse. Un homme sortit du poste de pilotage en agitant frénétiquement les bras, suivi d'un second qui agitait aussi les siens mais avec sérénité, adressant à l'hélicoptère d'amples gestes de bénédiction. Utilisant le *public address* de l'appareil, Wilcock demanda s'il y avait des hommes à l'eau. Le cousin fit des signes négatifs puis rattrapa Marc qui s'apprêtait à enjamber le bastingage du chalutier pour rejoindre l'hélicoptère. Wilcock avait du métier mais quand il vit cette scène s'aggraver d'un énergumène jaillissant sur le pont en jouant au *guitar hero*, il comprit que ça se présentait mal. Il confirma à la vedette, partie en même temps que l'hélicoptère mais encore à plusieurs milles, qu'il y avait bien situation d'urgence. Il décrivit à son poste de commandement ce qu'il voyait et l'informa de son hélitreuillage à bord du *Nathanaël* avec le garde-côte l'ayant accompagné.

Interposé entre le visionnaire d'icebergs et la barre, le cousin accueillit les deux gardes-côtes et confirma qu'il était celui ayant lancé l'alerte. Après que le Bell 412 EPI biturbine eut pris ses distances, il répondit aux questions de Wilcock tout en gardant un œil sur Marc qui s'était assis en position du lotus. Très vite, Wilcock put s'assurer que malgré ses yeux rouges, l'homme ne délirait pas. C'est pourtant lui qui avait parlé de biscuits bactériologiques, de Rouges et d'Eskimos. Wilcock savait que les fous les plus dangereux sont ceux qui parviennent à cacher leur jeu. Il soumit donc ce Dusautoit à un questionnement méthodique. Ses réponses lui parurent cohérentes. Dès lors, il s'agissait d'aller voir les autres membres d'équipage et les deux journalistes, et de vérifier que la boîte de biscuits existait réellement. Il laissa Dusautoit le précéder dans l'escalier après avoir demandé au garde-côte de rester sur le pont pour surveiller les trois énergumènes et de garder l'écoute radio. Le *guitar hero*, passagèrement contrarié par la concurrence déloyale de l'hélicoptère, avait repris ses riffs. Le barbu souriait aux nuages, l'halluciné désignait en hurlant de peur d'invisibles icebergs. Wilcock descendit les marches d'acier en serrant fermement son émetteur-récepteur à coque métallique. Il n'excluait pas une attaque surprise de ce Dusautoit qu'il laissa le précéder de quelques marches.

Avant même d'entrer dans le carré, il entendit scander « Toulon ! Toulon ! Toulon ! » puis une voix monocorde comptabiliser des étoiles, des faucilles et des marteaux. Ça délirait ferme. Seule la femme ne disait rien. Elle semblait manipuler l'espace, déplacer des objets invisibles puis les fixer longuement avant de les agencer différemment. Aucun ne semblait dangereux. Wilcock repéra vite la boîte de biscuits et considéra avec perplexité son couvercle.

– Je suis le seul à pas avoir mangé cette saloperie bolchevique, indiqua le cousin. Il faudrait peut-être les faire vomir ?

Wilcock répondit qu'un médecin était à bord de la vedette, il ne tarderait pas. En attendant, on va juste les surveiller, décida-t-il. Si c'est une intoxication alimentaire, elle a de drôles d'effets.

Le chef des gardes-côtes alla s'asseoir face à Alice et lui posa quelques questions. Celle-ci regarda autour d'elle comme si elle entendait des voix sans parvenir à identifier leur origine. Le marin comptable ne réagit pas davantage mais s'énerva contre Wilcock dont les questions lui faisaient perdre le compte de sa récolte d'étoiles, de faucilles et de marteaux. Il n'eut pas plus de réussite avec le Français, qui cessa toutefois de supporter Toulon, c'était peut-être la mi-temps. Louis perçut un Wilcock fragmenté, démultiplié dans un kaléidoscope scintillant. En se concentrant, il parvint à établir un rapport entre cette créature éclatée et les sons qui lui parvenaient.

– Les manchots ont peu peur à Toulon, articula-t-il péniblement.

– Les manchots ont peu peur à Toulon ? collationna Wilcock.

– Les manchots ont peu peur à Toulon, confirma Louis à la créature kaléidoscopique.

– Les manchots empereurs à Toulon ? se réjouit d'avoir compris Wilcock.

– Les manchots ont peu peur à Toulon. Toulon ! Toulon ! Toulon ! scanda Louis.

– Le match a repris, observa le cousin.

Wilcock lui demanda de rester dans la pièce pour les surveiller et remonta sur le pont. La situation était stable. Le garde-côte parvenait à maintenir Marc et les deux marins dans le poste de pilotage. Wilcock considéra quelques instants l'iceberg dont la masse lui parut dangereusement proche. Avec six personnes ayant perdu les pédales à bord d'un bâtiment relié à un tel monstre, les choses pourraient très mal tourner pour peu que le vent se lève. Il décida de le rendre à la liberté et d'en éloigner au plus vite le chalutier. L'opération effectuée, il n'y avait plus qu'à attendre la vedette. C'est alors que le pilote de l'hélicoptère, resté à proximité, annonça l'approche d'un autre appareil en utilisant le puissant haut-parleur de son *public address.* Cette voix tombée du ciel tomba aussi dans l'oreille de Marc. Échappant à la surveillance du garde-côte il se précipita à tribord, les yeux fixés sur le Bell 412 EPI, ange tonitruant qui reprit ses distances après avoir balayé le pont de son souffle divin. Wilcock le ceintura et le ramena dans le carré sans qu'il oppose de résistance. La voix divine se tut, remplacée par le seul grondement des ailes divines.

D'abord lointain puis grandissant, un autre bruit de turbine se fit bientôt entendre. L'hélicoptère annoncé par le pilote des gardes-côtes arriva droit sur le *Nathanaël*. Ses flancs l'identifiaient comme appartenant à CCF Television. Sourcils froncés, Wilcock regarda un cameraman filmer le chalutier puis l'iceberg à la dérive. Il savait que certains médias écoutent la fréquence des gardes-côtes en utilisant des scanners, arrivant ainsi sur les lieux d'intervention juste après eux et parfois même avant. L'échange sur les ondes entre la station maritime et le cousin était assez inhabituel pour que CCF Television dépêche une équipe de reportage. L'appareil stationna quelques minutes près du *Nathanaël* avant de s'éloigner, sans doute pour attendre l'arrivée de la vedette et filmer la suite des événements.

Dans le carré, Alice, Louis et le marin qui rejouait la scène du comptable d'étoiles dans le Petit Prince, version soviétique, persistaient dans leurs délires respectifs. Louis ne scandait plus « Toulon ! Toulon ! Toulon ! » que sporadiquement et sans conviction, comme si la défaite de son équipe était inévitable. Le cousin, qui avait les yeux rouges mais l'esprit vif, s'était convaincu des propriétés hallucinogènes de ces biscuits. Il nota que le marin qui dénombrait les étoiles, les faucilles et les marteaux s'occupait à l'occasion de la petite comptabilité du *Nathanaël*. Quant à Marc et Bernard, le premier avait toujours eu un côté contemplatif et le second jouait dans un groupe de rock. Ne connaissant pas Alice et Louis, il ne pouvait pas rattacher leurs délires à l'une ou l'autre de leurs activités privées, mais supposait qu'il en allait de même que pour les marins. Sans doute Louis était-il supporter d'un club toulonnais ou un ancien journaliste sportif. Pour Alice, c'était plus mystérieux. Le cousin en conclut que ces délires avaient un lien direct avec un aspect de la vie réelle des intéressés. Il douta que les Soviétiques aient volontairement contaminé les biscuits destinés à leurs propres soldats avec une drogue produisant des trips individualisés. Le rêve collectif était de rigueur, pas les délires individuels. Peut-être avaient-ils échoué et omis de détruire une partie de ces biscuits contre-révolutionnaires ? Il médita sur les surprises de l'existence. Il y a quelques heures, un grain les obligeant à relâcher l'iceberg leur paraissait la pire des choses pouvant survenir. La météo restait favorable mais un grain les avait pourtant frappés, un grain de folie collective absolument inouï. Ils avaient non seulement perdu l'iceberg, mais aussi leurs esprits. Lui seul avait été préservé grâce à son application du principe de précaution alimentaire. Il se remémora certains retournements de marché du temps où il mangeait mal, buvait, fumait et ne chassait pas les icebergs mais les récoltes de fleurs nécessaires aux parfumeurs. Si le trading lui avait réservé bien des surprises, bonnes ou mauvaises, rien de ce qui lui était arrivé ou dont il avait eu connaissance ne pouvait se comparer à la chaîne de causalité ainsi tendue, d'un siècle à l'autre, entre un laboratoire d'URSS et le carré du *Nathanaël*. Et encore ignorait-il que cette chaîne allait se prolonger bien au-delà de l'imaginable et que ce Français en forgerait l'ultime maillon.

La vedette des gardes-côtes s'amarra au *Nathanaël* sous la caméra de CCF Television. Wilcock prit plusieurs photos des marins, d'Alice et de Louis avant leur transfert à bord du *NGCC Constable Carrière* où un médecin et deux infirmiers, assistés par plusieurs gardes-côtes, les accueillirent. Il photographia ensuite la boîte de biscuits, la table et ce qui s'y trouvait. Tout ça allait être placé sous scellés. Les empreintes digitales et les traces papillaires seraient relevées sur les tasses et les cuillères. Les biscuits, le café, le sucre partiraient au laboratoire pour être analysés. Ces mesures préliminaires prises, il confia le chalutier à un pilote de la garde-côte pour le ramener à son port d'attache où il serait lui aussi placé sous scellés, le temps de sa fouille complète et des conclusions de l'enquête. L'hélicoptère de CCF Television repartit vers sa base. Ses yeux rivés sur l'écran de contrôle de la caméra, indifférent au spectacle d'un océan gorgé de lumière où deux rorquals soufflèrent de concert sans être vus ni entendus de personne, le journaliste visionna avec jubilation les images enregistrées. On voyait parfaitement le transfert à bord du navire des gardes-côtes d'une femme amorphe qu'il fallait soutenir, d'un barbu marchant les bras en croix, d'un *guitar hero*, d'un homme agité, d'un autre plus calme et d'un autre plus âgé qui hurlait en titubant. Il se dit que « La nef des fous » ferait un bon titre d'accroche pour son premier tweet, qu'il écrivit et posta rapidement. L'hélicoptère arrivait en vue des côtes quand il transmit sa vidéo afin qu'elle soit montée en vue d'une diffusion au prochain journal. Ensuite, sans attendre le posé de l'appareil, il rédigea le début du commentaire qu'il compléterait avec la communication officielle des gardes-côtes. Il lui faudrait aussi proposer un teaser pour alimenter le site en ligne de CCF Television. La chaîne s'était assuré l'exclusivité des images, il convenait à présent d'éviter que la concurrence ne vienne s'incruster dans ce fait divers déjà intéressant en lui-même mais qui pouvait évoluer vers tout autre chose : trafic de stupéfiants, présence à bord de produits chimiques, affaire d'espionnage… Un bon teasing permettrait à CCF Television de garder sa longueur d'avance, pensa le journaliste qui laissa son regard parcourir l'océan. Il lui fallait trouver quelque chose de plus explicite que « La nef des fous » pour accrocher les internautes. Rien ne lui vint à l'esprit. C'est alors que le pilote éternua, lui offrant un titre parfait : « Des chasseurs d'icebergs contaminés par un virus préhistorique ? ».

Oui, c'était accrocheur, et la forme interrogative appelait une suite. Un iceberg soupçonné d'être la source possible d'un mystérieux virus, un germe préhistorique réactivé par la fonte de la glace où il avait dormi des millénaires durant, c'était inattendu et inquiétant, divertissant et sérieux. L'iceberg serait une bombe bactériologique en puissance et son article une bombe médiatique en acte. Il cria « yes ! » en serrant le poing droit et sourit au pilote étonné. Le titre trouvé, le contenu coulait de lui-même. Plusieurs hypothèses se dessinaient. L'équipage aurait pu rafraîchir un apéritif avec un fragment de cet iceberg, le faire fondre pour l'eau du thé ou du café ou simplement en boire un verre. Les internautes verraient dériver l'iceberg, abandonné avec sa ceinture de flotteurs tel un kamikaze mis en quarantaine en plein océan. C'est clair, il tenait là une excellente histoire. Les gardes-côtes ne seraient sans doute pas en mesure de communiquer rapidement des conclusions définitives, ce qui permettrait à CCF Television d'occuper les vides et l'audimat.

Pendant ce temps, à bord du patrouilleur, le médecin examinait l'équipage du *Nathanaël* et leurs deux invités. Très vite, il put affirmer qu'ils hallucinaient sous l'effet d'une substance que seul un examen sanguin permettrait d'identifier. Il s'étonna qu'ils aient pu consommer des biscuits fabriqués du temps de l'URSS. C'était pour le moins imprudent. Pourtant, ils ne présentaient aucun symptôme d'intoxication alimentaire. La modification profonde de l'état de conscience, les hallucinations, l'altération des repères spatio-temporels correspondaient aux effets d'une substance psychotrope. Il leur administra un tranquillisant et prescrivit un lavage d'estomac. L'hôpital de St. Antony fut prévenu de la prochaine admission de six patients. Le cousin fut auditionné par Wilcock en tant que témoin et copropriétaire majoritaire du *Nathanaël*. Il ne put apporter aucun autre élément d'explication que l'ingestion de ces biscuits, devenus l'élément central de l'enquête. Il ne doutait pas que les tests à venir confirment la contamination des biscuits. Wilcock allait devoir attendre que le Français soit en mesure de parler et de s'expliquer sur la provenance de cette boîte.

Louis se réveilla dans une pièce inconnue. Il ne sentait pas bien du tout. Il avait un goût de vomi dans la bouche et mal au crâne. Sa première pensée fut qu'il aurait dû prendre davantage d'Altonosé. La seconde, qu'il venait de faire un AVC. Voilà, c'était arrivé ! Il avait eu un AVC en plein océan à bord d'un chasseur d'icebergs canadien ! Ces deux pensées furent les seules qu'il put capter parmi toutes celles qui s'agitaient en lui comme un essaim énervé. Son crâne semblait être devenu une ruche. Il ne parvenait pas à se concentrer durablement, le sentiment du temps lui échappait. Une autre pensée sortit de l'essaim : il venait de subir un accès de folie semblable à celui l'ayant frappé en Antarctique. Ce n'était donc pas un AVC mais un nouvel égarement mental ! Les mots sénilité, Alzheimer s'échappèrent de l'essaim pour venir bourdonner au creux de ses oreilles. Puis il découvrit qu'il était couché sur une sorte de brancard à roulettes fixé à une paroi métallique. Il identifia la pièce comme étant la cabine d'un navire qui n'était pas le *Nathanaël* mais un autre, sans doute plus grand. Il voyait trouble. La cloison, le plafond, même le drap qui le recouvrait étaient brouillés, sans contours bien définis, hologrammes plus qu'objets réels. Un vertige l'obligea à se recoucher lorsqu'il tenta de se redresser. Une voix lui parvint de très très loin. « Restez couché ! vous devez vous reposer ! » dit cette voix. Louis eut l'impression qu'on éclairait l'intérieur de la ruche avec une lampe. « Tout va bien, reprit la voix, on arrive à St. Anthony. On vous gardera un peu en observation et vous pourrez rentrer chez vous, en France. Toulon, c'est ça ? »

Louis répondit oui, mais s'entendit émettre un son étrange. La voix lui posa des questions simples. Il les comprenait mais ne pouvait y répondre que par des sons inarticulés.

– Ne vous inquiétez pas, ça va bientôt aller mieux, poursuivit la voix. Essayez de suivre ma main. À droite. À gauche. En haut. Vers le bas. Voilà, c'est bien. Maintenant reposez-vous, essayez de dormir.

Le journaliste de CCF Television et son cameraman attendaient l'accostage du *NGCC Constable Carrière*. Le technicien filma l'arrivée du patrouilleur, la descente des personnes évacuées et leur montée dans des ambulances qui prirent la direction de l'hôpital. Interrogé par le journaliste, Wilcock répondit qu'en l'état de l'enquête on ne pouvait rien dire sur les causes ayant conduit à l'évacuation de ces six personnes, sinon que celles-ci semblaient avoir ingéré un produit altérant leurs comportements et leurs perceptions. Il fallait attendre les résultats des examens et les auditions qui seraient faites dès que possible.

– Capitaine, attaqua le journaliste, des rumeurs parlent d'un virus qui sommeillait dans un iceberg.

Wilcock haussa les épaules, indiqua qu'il ne confirmait absolument pas cette hypothèse et qu'un communiqué serait fait sous peu. Il remercia puis s'engouffra dans le 4×4 de la garde-côte qui l'attendait. Le journaliste déclara que la piste du virus préhistorique n'était ni confirmée ni écartée. « CCF Television vous tiendra informés en temps réel sur le mal mystérieux qui a frappé les passagers de ce chasseur d'icebergs », conclut-il.

Le virus préhistorique proliféra sur les réseaux sociaux, d'où ne tarda pas à émerger une autre hypothèse, celle d'une arme neurotoxique utilisée par un sous-marin russe. Le *Nathanaël* fut soupçonné de ne pas être un chalutier reconverti en chasseur d'icebergs, mais un chasseur d'icebergs reconverti en tout autre chose – gouvernemental et top secret – qu'aurait agressé un sous-marin russe transportant un commando équipé de gaz hallucinogènes. La première version prit nettement l'avantage au fil des tweets et des échanges sur les forums. La vidéo fut visionnée par un nombre exponentiel d'internautes. L'iceberg était bien visible, alors que rien n'étayait la version du sous-marin même si les partisans de cette explication soulignaient qu'un sous-marin a vocation à rester invisible, surtout s'il est russe et se trouve dans les eaux territoriales canadiennes. Des associations écologiques lancèrent un appel au boycott de toute boisson à base d'eau préhistorique. Les communicants des groupes concernés estimèrent qu'il fallait contre-attaquer. Ils insistèrent sur l'absence totale de preuve d'un quelconque virus et sur les contrôles rigoureux de l'ensemble de leur production. Leur réaction fut interprétée comme le signe qu'ils avaient quelque chose à cacher. CCF Television s'employa à entretenir cette polémique sans se mettre en position d'être accusée de propager de fausses informations. Elle se contenta de diffuser les images du transfert à terre de l'équipage et des passagers du *Nathanaël*. Ces images furent visionnées des milliers de fois sur YouTube. On y voyait Louis scander « Toulon ! Toulon ! Toulon ! » juste avant que la portière de l'ambulance ne se referme sur lui. La vidéo du flirt de Louis avec la femelle manchot empereur revint en force sur les réseaux sociaux et certains se demandèrent si ce Français complètement allumé ne s'était pas lui-même mis en scène dans les deux cas, avec l'aide de plusieurs complices pour la séquence du *Nathanaël*.

Héraclite, un blogueur basé à Montréal fort de trente mille followers, fit observer que Toulon était une ville abritant une partie de la flotte française de sous-marins d'attaque à propulsion nucléaire. Les Français, rappela-t-il, ont déjà mené des opérations douteuses comme celle du *Rainbow Warrior*, ce navire de Greenpeace coulé en Australie par leurs forces spéciales. Il reconnaissait cependant que le motif manquait aux Français pour s'attaquer à un navire canadien, ce qui n'était pas le cas pour les Russes, lesquels revendiquaient des terres arctiques également voulues par le Canada. L'hypothèse du sous-marin reprit ainsi un peu de vigueur, mais le danger épidémiologique séduisait davantage. Le virus préhistorique avait la cote. Beaucoup d'internautes évoquèrent le début d'une catastrophe naturelle causée par l'homme et sa surexploitation de la nature.

Pendant ce temps, les patients furent examinés par le département de toxicologie du Charles S. Curtis Memorial Hospital. Les analyses sanguines confirmèrent l'analyse préliminaire du médecin du patrouilleur. Tous étaient sous l'effet d'une substance psychédélique. Leur état s'améliorait progressivement. La phase de descente avait commencé, les effets de la drogue disparaîtraient dans quelques heures. Le rapport d'expertise des biscuits, du café et des divers aliments trouvés sur la table du *Nathanaël* fut disponible peu après et valida les conclusions des analyses de sang. Il ne s'agissait ni d'un virus décongelé ni d'un gaz russe. C'était bien plus inattendu.

– Purpuquoi ? interrogea Wilcock.

– Rea, claviceps purpurea, répéta le médecin. Ou ergot du seigle. C'est le champignon qui produit l'acide lysergique, plus connu sous le diminutif de LSD.

– Du LSD ? Putains de Soviétiques ! éructa Wilcock. Ils continuent de nous emmerder encore aujourd'hui, comme si Poutine suffisait pas ! À qui ils faisaient manger ça ?

– À leurs soldats, mais pas volontairement, répondit le médecin. Ils se seront probablement fait piéger par du seigle contaminé. Le contrôle qualité ne devait pas être leur priorité. Ils auront sans doute ordonné la destruction des lots de biscuits concernés mais une certaine quantité a dû alimenter le marché noir puis rester en circulation après la chute de l'URSS. L'important, c'est de retrouver l'origine de cette boîte et de déterminer s'il s'agit d'un spécimen isolé ou s'il en reste d'autres.

– On verra ce que dit le Français, approuva Wilcock.

Louis se rétablit en quelques heures. Les phases de conscience l'emportèrent progressivement sur les séquences délirantes. Lorsqu'il fut en état d'être auditionné, Wilcock le fit transférer dans son bureau, où Louis, la bouche pâteuse mais l'esprit suffisamment clair, confirma l'origine des biscuits et avoua avoir déjà subi une crise d'hallucinations après en avoir mangé trois de cette même boîte. Il raconta son échappée en motoneige et comment Ivaluardjuk l'avait sauvé de justesse. Tout s'éclairait rétrospectivement. Louis fut rassuré, il n'était pas en train de devenir fou.

Informées, les autorités d'Ushuaïa procédèrent à la saisie du stock de biscuits d'Ivaluardjuk, lequel déclara que les boîtes étaient déjà là lorsqu'il avait acquis l'abri et ses dépendances. L'enquête ne permit pas de retracer le parcours de ces biscuits. Des conteneurs emplis de toutes sortes de produits apparaissaient parfois en Antarctique, discrètement déchargés d'un avion-cargo ou d'un bateau. Le précédent propriétaire de l'abri était mort et ses héritiers n'avaient jamais entendu parler de ces biscuits qu'Ivaluardjuk avait consommés et offerts à ses clients sans problème des années durant. Il apparut que la boîte offerte à Louis n'était pas la seule à contenir des biscuits contaminés, mais que le mode de consommation habituel d'Ivaluardjuk détruisait l'acide lysergique. La chaleur de la poêle où grésillait la graisse de phoque rendait les biscuits inoffensifs. L'enquête conclut à un étonnant concours de circonstances. Ivaluardjuk dut s'acquitter d'une amende pour avoir fait consommer à ses clients des biscuits périmés depuis une trentaine d'années, bien qu'ils aient été stockés dans une cave de glace. Tout son stock fut détruit. Il remplaça les biscuits soviétiques par des galettes danoises à la farine complète de seigle qu'il prépara à l'identique, mais sans jamais retrouver le goût si particulier des originaux. C'est avec un sentiment mitigé, entre regret et soulagement, qu'il se souvint des états chamaniques et des visions l'ayant visité les premiers temps de son installation, avant qu'il ne cède aux pressions exercées par sa vessie et renonce à son thé du soir. Il comprenait à présent qu'il n'avait pas été possédé par l'esprit du natsiq mais par celui des hippies, conditionné par l'Armée rouge ! Avec une pointe de nostalgie, il se rappela le thé où il aimait tremper un biscuit pour l'amollir. Affaibli juste ce qu'il fallait par la chaleur du liquide, l'acide lui procurait des rêves comme il n'en connaîtrait plus jamais.

Louis devint très populaire parmi les supporters du RC Toulon et bien au-delà. La vidéo où il scandait « Toulon ! Toulon ! Toulon ! » et celle où il flirtait avec une femelle de manchot empereur avaient fait le tour du monde. Il était désormais un people. D'innombrables demandes d'interviews et invitations à des émissions de télévision, de radio, à des talk-shows, mirent fin à son statut de solitaire postal. La médiathèque de Toulon le pria de participer à une soirée spéciale. Sa messagerie fut également envahie, sans qu'il sache comment son adresse électronique pouvait être connue d'autant de personnes. Revenu à Toulon, il découvrirait que sa boîte aux lettres avait été saturée et que le bureau de poste avait dû s'adapter à cet usager hors du commun. C'était pourtant bien peu de chose au regard des sacs postaux qui lui parviendraient plus tard, à l'apogée de sa renommée, en provenance de tous les continents, océan de courrier trié par les volontaires de son fan-club local. Pour l'heure, il avait regagné le Haver Inn avec Alice, dont le reportage avorté sur les chasseurs d'icebergs serait avantageusement remplacé par son propre témoignage dans l'affaire dite de la Nef des fous et, plus tard, par sa proximité avec Louis et le livre qu'elle tirerait de sa fantastique épopée, à laquelle elle participerait jusqu'au bout.

Le surlendemain de leur sortie de l'hôpital, le cousin les invita chez lui avec tout l'équipage du *Nathanaël*. Louis se sentait responsable des désagréments subis et fit de son mieux pour être convivial malgré le repas préparé par le cousin selon ses préceptes totalitaires. Le flétan revint, accompagné de pommes de terre et de légumes à peine domestiqués par une vapeur d'eau ayant accompli son office avec une certaine réserve, voire avec tiédeur. Chacun tenta de détailler son trip et les sensations ressenties. Alice raconta avec émotion que sa vie avait été comme contenue dans une multitude de petits cubes qu'elle rangeait tous en même temps grâce à une infinité de gestes simultanés et qui n'existaient pas. Elle ne put expliquer ce qu'étaient des gestes qui n'existaient pas, c'était juste une sensation qu'elle ne retrouverait jamais. Elle se souvint avoir rangé ces « cubes d'existence » par périodes et par sensations, par couleurs et par sons mais aussi selon tout un registre disparu en même temps que son retour à la normalité. Louis dut évoquer son premier trip, celui que ses biographes nommèrent trip antarctique, le second étant son trip nathanaélien. Il y a longtemps qu'il n'avait pas autant parlé, ni pour autant de personnes. Étourdi par l'Iceberg Beer et l'attention qu'on lui portait, il alla jusqu'à hasarder qu'il avait compris pour la première fois ce qu'était la mort. Bien sûr, précisa-t-il la larme à l'œil, ayant l'alcool triste, il connaissait la douleur de perdre un être cher. Mais ce qu'il avait puissamment ressenti, perdu dans la neige, c'est qu'il ne survivrait pas à sa propre mort. Alice observa qu'un des effets de l'acide lysergique est d'amplifier l'état mental du moment. Elle avança l'explication que Louis avait pensé à la mort alors même que sa vie ne tenait plus qu'à un fil. Il était perdu et aurait péri sans l'intervention d'Ivaluardjuk. Son expérience à bord du *Nathanaël* avait été différente, exaltée parce que son état d'esprit était radicalement différent, conclut Alice sous le hochement de tête approbateur de Louis qui se sentit compris et encouragé à poursuivre. Il ne se rappelait pas avoir encouragé l'équipe de Toulon dont il n'était pas vraiment supporter, mais se souvenait parfaitement avoir rêvé de la Dream Team à la dérive sur un iceberg lors de sa sieste dans la Ford abricot. Peut-être, sous l'effet de la drogue, les douze naufragés de la Dream Team étaient-ils devenus les quinze titulaires du RC Toulon, hasarda-t-il comme s'il se parlait à lui-même.

Cette Dream Team, c'est une autre équipe de rugby? Une équipe concurrente de Toulon? s'enquérit Marc.

Louis sursauta, il venait de rompre son vœu de silence! L'Iceberg Beer avait rendu poreuse son habituelle discrétion. Il chercha comment rattraper cette bourde mais devant les regards attentifs et amicaux de ses compagnons d'épopée, il cracha le morceau. Tout y passa, de la rencontre fortuite au sein d'une armoire flamande à l'élaboration du grenier-banquise, du yoga du froid à sa prise de conscience de la fonte des glaces, du patient recrutement de la Dream Team à son départ pour le pôle Sud. L'émotion vibra dans sa voix lorsqu'il évoqua le petit peuple du grenier-banquise. Il se sentit tout à la fois coupable et soulagé d'avoir parlé. Tous le fixèrent, abasourdis. Son quotidien semblait tissé d'une série de trips tous plus délirants les uns que les autres ! Ce Français terne et grognon s'avérait être un original passionné ! Le mensonge initial d'Alice ne fut pas relevé, peu importait qu'il ne soit pas son assistant. Les questions fusèrent qui affolèrent Louis et le firent se murer dans un silence dodelinant que tous contemplèrent avec un certain respect. Ce n'était plus le silence effacé qu'on lui connaissait mais la queue de comète de ses révélations stupéfiantes, un sillage tout en phosphorescences. Alice pensa qu'elle tenait là matière à écrire un second article et réfléchissait déjà à la manière de s'y prendre pour convaincre Louis de lui ouvrir son grenier-banquise.

Le cousin n'avait posé aucune question mais son regard rougeoyait à intervalles réguliers, comme alternativement requis par Louis et par une idée prenant forme.

– Le manchot empereur est un excellent animal-parapluie, lança-t-il d'une voix convaincue.

On le regarda comme s'il commençait à délirer avec quarante-huit heures de retard. Même s'il ne la comprit pas, Louis n'aima pas cette phrase qui chosifiait le manchot empereur et lui rappela le manchot luminaire et le manchot sextoy trouvés sur le Net lors du recrutement des membres de la Dream Team. Le cousin expliqua qu'un animal-parapluie est un animal sympathique à l'opinion publique et qui symbolise une cause, comme le panda pour le WWF ou la grenouille pour la Rainforest Alliance.

– Et alors ? questionna Marc.

– Oui, et alors ? renchérit Louis, qui se sentait investi d'une autorité désormais établie pour tout ce qui touchait au manchot empereur.

– Et alors rien, répondit le cousin, je note juste que le manchot empereur a un gros capital de sympathie qui reste à exploiter.

– À exploiter, répéta Alice.

– Oui, à exploiter, confirma le cousin. Le tout est de savoir comment.

– Pourquoi faudrait-il l'exploiter ? rétorqua Louis.

Le cousin darda sur lui toute la rougeur de ses yeux.

– Quelqu'un de sympathique gagne toujours à être connu, éluda-t-il.

– Dis-nous plutôt ce que tu as derrière la tête, intervint Marc. Je te connais, tu mijotes quelque chose.

Le cousin pointa du doigt la bouteille d'Iceberg Beer que Louis venait de saisir pour remplir à nouveau son verre. Louis sursauta et vit rouge, chacun son tour. Il n'apprécia pas cette mise à l'index. Cet ennemi de la cause charcutière avait-il la prétention de contrôler non seulement ses acides gras, mais aussi sa consommation d'alcool alors que c'est lui-même qui avait proposé ces bières ? Il chercha ses mots sans les trouver, ce qui laissa le temps au cousin de commenter son geste, qui ne concernait pas Louis.

– L'Iceberg Beer, l'eau préhistorique, le marketing, la fonte des glaces, l'image, le manchot empereur, la défiscalisation, énuméra-t-il, tout est lié ! L'animal-parapluie, le parapluie fiscal, les pluies acides, tout est dans tout, s'enthousiasma-t-il en rougeoyant de plus belle.

Un silence s'ensuivit, le temps de digérer cette tirade.

– C'est pas très clair, résuma enfin l'ex-*guitar hero*.

– Je sais, je sais, reconnut le cousin, les éléments sont un peu dans le désordre, mais le business plan orchestrera tout ça. L'essentiel c'est l'idée, et l'idée c'est de commercialiser de l'eau préhistorique labellisée. Je vais créer un label qui garantira aux consommateurs que l'eau utilisée est non seulement préhistorique mais provient d'icebergs issus du prélèvement équitable. On va travailler ensemble. Pour le logo, le manchot empereur est l'animal-parapluie idéal.

– C'est quoi, un iceberg issu du prélèvement équitable ? interrogea Alice.

– C'est un détail, on verra ça plus tard, balaya le cousin. Je monte la boîte, on voit après ce qu'on met dedans. Ce qu'il faut, c'est un gros coup de com pour se faire connaître, marmonna-t-il en regardant Louis.

À l'époque où il achetait et vendait des récoltes de fleurs, le cousin avait acquis à d'excellentes conditions vingt tonnes de violettes cédées dans la foulée et au prix fort à un parfumeur grassois. Quelques mois plus tard, il apprit que ce lot de violettes provenait d'Ukraine et plus précisément de la région de Tchernobyl. Ne faisant pas de sentiment mais des affaires, il ne se priva pas d'acquérir les deux récoltes à venir de ces violettes en négociant le prix à la baisse. Une origine européenne renforçant l'attractivité d'un produit, il ne manqua pas d'indiquer à ses clients que les fleurs provenaient de cultures européennes. Des violettes chinoises auraient été suspectées d'être de qualité inférieure avant même d'être humées. L'Ukraine étant un pays situé en Europe, le cousin n'avait pas menti sur l'origine des fleurs. Il n'était pas tenu de préciser leur origine géographique précise. Pour lui, elles n'étaient que des chiffres. Juste avant qu'elle ne le quitte, il avait dit à sa femme, imprudemment mise au parfum de ce business à haut rendement, qu'il n'était pas un compteur Geiger mais un intermédiaire. Ces vingt tonnes de violettes firent déborder le vase où stagnait la rancœur de cette femme qui se sentait sponsorisée plus qu'aimée. Elle jugea que cette fois la coupe était pleine et partit avec un fabricant de camping-cars. Le cousin avait réagi à cette séparation par une conjonctivite qui depuis ne le quittait plus, l'obligeant à lever les yeux au ciel trois fois par jour pour y laisser goutter du collyre. Hormis ce désagrément collatéral, les choses suivirent leur cours et ceux de la bourse. Il continua à brasser d'énormes quantités de fleurs et d'argent, se grisant des bénéfices considérables engendrés par la violette ukrainienne. L'argent avait désormais pour lui le parfum de la violette, bien qu'il ne la connaisse que sous forme de chiffres. Son business fut florissant jusqu'au jour où un site écologiste mit le nez dans les violettes ukrainiennes. Quelqu'un avait parlé. Il soupçonna son ex-femme de cette fuite qui allait contaminer ses affaires et leucémiser sa réputation. Sa conjonctivite empira, il dut passer à quatre séries de gouttes de collyre quotidiennes. Une émission parmi les plus suivies de la télévision française révéla le parcours de ces violettes depuis des serres situées en zones irradiées jusqu'à leur transformation en parfums et huiles essentielles. Plusieurs associations de consommateurs réagirent en exigeant des garanties sur l'origine des fleurs utilisées en parfumerie, en cosmétique et dans la phytothérapie. Des logos No Radiation fleurirent sur les sites et les produits des sociétés soucieuses de rassurer leurs clients. La violette se mit à sentir le soufre. Le cousin se retrouva avec deux récoltes partiellement payées sur les bras, dont la première n'avait pas encore bourgeonné. Il se débarrassa de ces violettes virtuelles mais encombrantes en cédant son contrat à un trader chinois. Le bénéfice qu'il parvint malgré tout à en tirer fut réinvesti dans le *Nathanaël*. Cet épisode le sensibilisa fortement à l'impact des certifications et des logos écologiques.

C'est à cette époque, harassé par sa sécheresse oculaire, qu'il se convertit à la diététique et décida d'embarquer à bord du *Nathanaël*. Il quitta Ottawa pour St. Anthony. Au début, il aima quitter le port dans le silence de la nuit, voir les lumières de la ville s'estomper puis disparaître, le moment où le chalut déverse une masse chuintante aux scintillements argentés. Il éprouva de l'affection pour la criée qui lui sembla être un état archaïque des bourses, l'enfance pataude des places financières. Les gains aussi lui parurent puérils, argent de poche plus que profit adulte digne de ce nom. Le port de St. Anthony accueillait deux chasseurs d'icebergs, et le cousin découvrit cette activité encore peu connue. Il perçut rapidement son potentiel. Un immense marché s'offrait à qui le prendrait. Dès lors, il regarda avec une irritation croissante le chalut du *Nathanaël* se vider de son contenu comme on vide ses poches de leur menue monnaie. Il se désintéressa de la pêche, qu'il ne désigna plus que sous le terme de « bricolage à bas rendement ». Désertant le pont au profit de la cuisine, il se consacra aux acides gras insaturés. Lorsque le *Nathanaël* croisait un iceberg, il s'accoudait au bastingage en rageant de voir cette masse de fric dériver vers sa prochaine et stérile dissolution. Sa frustration devenait alors si forte qu'il lui fallait doubler la dose de collyre. Il ne pouvait s'empêcher de penser à tous ces icebergs qui fondaient en toute impunité. C'était un gaspillage insensé. Le bon sens gestionnaire doit l'emporter sur l'incurie de la nature ! rageait-il ensuite devant son fourneau.

Il lui arrivait aussi, en regardant flétans, plies grises et sébastes crever la gueule ouverte, l'œil exorbité, de songer à la dernière phrase prononcée par sa femme sans l'intermédiaire d'un avocat : « Tu as le cœur sec comme un corbeau. » C'était une phrase dont la signification globale était claire malgré une formulation défaillante. Sans doute avait-elle voulu dire qu'il avait le cœur aussi sec que celui d'un corbeau. Mais pourquoi un corbeau ? Pour son côté charognard ? Funeste ? Bref, c'est ses yeux qui étaient devenus secs par sa faute. Son cœur était en pleine forme et le resterait grâce aux oméga-3.

Il apprit rapidement tout ce qu'il y avait à savoir sur la chasse aux icebergs, sa réglementation, ses débouchés, l'état du marché. De toute évidence, une reconversion s'imposait. Le poisson sentait le passé, et l'iceberg, paradoxalement, cristallisait l'avenir. Le cousin nota la très faible concurrence et l'abondance de la matière première. Il y avait bien assez d'icebergs pour tout le monde, contrairement aux produits du bricolage à bas rendement dont la matière s'épuisait. Les boissons à base d'eau préhistorique correspondaient à la sensibilité écologique des bobos et s'infiltreraient rapidement dans les rayons des supermarchés puis dans les classes moyennes. Le poisson d'élevage l'emporterait sur le poisson sauvage, appelé à se faire de plus en plus rare, de plus en plus porteur de mercure et autres poisons. Le consommateur se tournera d'autant plus volontiers vers le passé lointain de la planète que son avenir proche lui apparaîtra incertain.

Apprendre l'existence de la Dream Team avait réactivé les ressorts entrepreneuriaux du cousin.

Après avoir longuement regardé Louis qui se tortillait, pris dans les résilles sanguinolentes de son regard, le cousin précisa son idée. Il investirait dans l'achat d'une flotte de chasseurs d'icebergs, créerait sa propre marque d'eau préhistorique qu'il diffuserait en Amérique du Nord et en Europe. Il mettrait en place une ONG visant à protéger le manchot empereur ou financerait une organisation déjà existante. Le logo de la marque garantirait au consommateur que son achat d'eau préhistorique ne participe pas à la destruction de l'habitat du manchot empereur.

– Évidemment, précisa-t-il, la chasse aux icebergs est une spécialité locale, et le premier manchot empereur vit au pôle Sud, à des milliers de kilomètres de Labrador-et-Terre-Neuve. Mais l'intérêt d'un animal-parapluie, c'est qu'il suscite la sympathie et pas des questions. On ne pourra pas nous accuser de tromper le consommateur puisque la chasse aux icebergs n'a effectivement aucun impact sur le manchot empereur. L'essentiel, c'est qu'on nous associe à cet animal et à la sauvegarde de la planète, poursuivit-il. Mais il faudra renommer notre activité. La chasse aux icebergs c'est agressif, ça va à l'encontre de l'empathie recherchée. Le principe, c'est de séduire le plus grand nombre, pour ça il faut éviter les mots chasse et capture. On ne chassera pas l'iceberg : on le recyclera. Bon, il faudra me voir ça ! lança-t-il comme s'il s'adressait à une équipe de créatifs.

Tous l'écoutèrent attentivement. Alice prenait des notes sur sa tablette, Louis semblait hypnotisé par le flot de paroles du cousin et ce qu'il comprenait de ce projet. Il se maudissait de ses imprudentes confidences.

– L'iceberg ne doit pas être perçu comme une victime mais comme un don de la nature, un don du passé, poursuivit-il.

Un don du passé. Cette formule lui plut, il la répéta plusieurs fois en regardant le plafond.

– Voilà, on y est ! s'enthousiasma-t-il. Les icebergs sont un don du passé ! C'est le message que le slogan devra faire passer. À la recherche du temps gelé, envisagea-t-il ensuite à voix haute avant de se ressaisir. Non, c'est trop compliqué, enfin, on verra.

– Et le gros coup de com ? demanda Alice, gardant pour elle le contre-slogan qui lui était venu à l'esprit, possible titre d'un article à venir : « La tonte des glaces ».

– Si tu ne vas pas à la montagne, la montagne viendra à toi, déclama mystérieusement le cousin en fixant à nouveau Louis, un sourire aux lèvres.

Il jouit quelques instants de la perplexité suscitée par cette réponse avant de répondre à Alice.

L'opération de communication imaginée par le cousin était si inattendue que ses paroles flottèrent quelques instants sur l'assemblée avant que chacun en prenne la mesure et se tourne vers Louis. Car c'est de lui que dépendait le succès de ce qu'avait imaginé le cousin. L'intéressé fixa obstinément son verre d'Iceberg Beer puis se mit à dodeliner de la tête comme souvent, mais avec une énergie comme jamais.

L'œil d'un cyclone est une zone de vents calmes siégeant au centre d'un tourbillon. La pression y est la plus basse du système mais la température en altitude se maintient à des valeurs plus élevées que celles de son environnement. C'est là une description fidèle de ce qui arriva à Louis. Pris à froid comme il arrive aux masses d'air assaillies par une brusque perturbation, il se réfugia au centre de son dodelinement comme dans l'œil d'un cyclone, à l'abri de la pression extérieure. Il devint un pur phénomène climatique. Assiégé par un tourbillon d'émotions, sa pression artérielle chuta ; sa température en altitude s'élevant, son front brûla fiévreusement.

Alice le regarda avec inquiétude. Elle lui demanda plusieurs fois s'il allait bien sans qu'il réagisse.

– Je crois qu'il a son compte, avança le plus discret des membres d'équipage, celui qui avait malmené le *Nathanaël* à grands coups de barre pour éviter des icebergs fantômes.

– Oui, confirma Marc, on devrait le coucher jusqu'à ce qu'il ait cuvé sa bière.

C'est alors qu'un oui ! sonore jaillit du cœur de l'inquiétant dodelinement de Louis dont la tête orbita encore quelques instants sur sa lancée avant de se stabiliser.

– Oui, répéta-t-il, pourquoi pas ? Il faut ce qu'il faut, ajouta-t-il encore comme pour se convaincre lui-même.

Le cousin se leva pour lui serrer la main. Les autres convives le regardèrent comme s'il venait de se relever en disant « tout va bien », après être tombé du dixième étage. Ils applaudirent ensuite avec discrétion comme après une prise de parole lors d'une réunion des Alcooliques anonymes, soulagés de voir Louis sortir de son état de prostration agitée.

Mobilisant les sommes considérables gagnées dans le trading des fleurs, le cousin mit en place une société de production d'eau destinée à la consommation, s'assura une participation majoritaire dans une entreprise d'embouteillage et subventionna Save Our Future, petite ONG danoise engagée dans la lutte contre la fonte des glaces dont le logo représentait un manchot empereur pataugeant dans une flaque d'eau, parfait animal-parapluie. Il acquit six chalutiers qu'il rebaptisa *Oméga 1*, *Oméga 2* etc. Marc fut nommé commandant en chef de cette flottille sur laquelle flottèrent deux drapeaux aux logos de l'ONG et des Drinks Dusautoit (deux D rouges s'entrechoquant comme deux chopes). Il fut chargé de transformer ces navires en chasseurs d'icebergs. Le cousin trouva lui-même le slogan qui serait au cœur des Drinks

Dusautoit : « Drinks Dusautoit : le passé nous offre l'avenir ! ». Pour la première fois depuis l'affaire des violettes il se sentit en phase avec lui-même et réduisit de moitié ses prises de collyre. Après avoir hésité, Alice accepta d'être l'attachée de presse de l'opération à venir, aux côtés de l'équipage du *Nathanaël*. Sa petite armada n'était pas encore enregistrée à la capitainerie du port de St. Anthony que le cousin, en pleine effervescence, songeait à lancer une gamme de sorbets à l'eau préhistorique identifiée par la formule : « Sorbets Dusautoit, pour fondre de plaisir ! ». Il aimait ces slogans qui étaient comme la pointe émergée de l'iceberg, ce que le public retiendrait du produit, les conditions de production pouvant bien rester sous la ligne de flottaison. Il fourmillait d'idées et imagina produire du collyre sur base d'eau préhistorique, plus tard, lorsque les Drinks Dusautoit seraient amenés à se diversifier.

Marc supervisa les travaux pratiqués sur le *Nathanaël*. La transformation des chalutiers en chasseurs d'icebergs prit plusieurs semaines, et plusieurs autres s'écouleraient avant que les conditions soient réunies pour qu'enfin le *Nathanaël* quitte l'anse aux Méduses, cap sur Toulon *via* le détroit de Gibraltar. Alice assura une couverture médiatique massive. Elle utilisa la notoriété de Louis sur les réseaux sociaux, lesquels réagirent comme espéré lorsqu'elle annonça sa participation à ce projet spectaculaire. Ainsi, bien avant son départ de St. Anthony, médias classiques et numériques relayèrent abondamment l'image de ce navire qui allait remorquer un iceberg de St. Anthony à Toulon.

Le cousin n'avait pas menti, une montagne allait se déplacer, même si l'iceberg n'atteindrait pas le volume de celui capturé puis relâché lors de l'épisode de la nef des fous. Il suffirait qu'il ait conservé un volume suffisant lors de son arrivée à Toulon. Trois spécimens avaient été repérés dont la taille et le positionnement convenaient. Lors d'une des nombreuses réunions qu'il organisa, le cousin fit référence à un livre de Hemingway qu'Alice seule connaissait. Il raconta comment un vieux pêcheur avait capturé puis attaché le long de sa barque un espadon dont il ne restait plus que le squelette à son arrivée au port, les requins l'ayant dévoré. Si l'iceberg fondait avant son arrivée à Toulon, indiqua le cousin, il n'en resterait pas même une arête et l'opération serait un échec. Son volume optimal, sa vitesse de fonte et la durée du trajet avaient été calculés par l'ONG danoise dont le site proposerait en temps réel le livre de bord du *Nathanaël*, mettant à disposition des internautes toutes les données scientifiques pertinentes et proposant des images en direct.

Beaucoup ont un jardin secret, mais seul Louis possédait un grenier-banquise, qui désormais n'était plus secret. Beaucoup ont des animaux de compagnie, mais la Dream Team était unique. Beaucoup d'entrepreneurs souhaitent faire parler d'eux, mais le cousin voulait davantage qu'un lancement réussi pour les Drinks Dusautoit. Il voulait qu'une véritable aventure ait lieu qui intègre un risque d'échec pour que le succès final soit d'autant plus éclatant. Il se voulait tout à la fois entrepreneur, aventurier, novateur, manager, investisseur, communicant. Il ne se sentait pas un cœur de corbeau mais de lion, motivé à bloc comme il l'avait été lors de ses plus belles opérations de trading. Toulon fut la ville qui lui vint naturellement à l'esprit lorsqu'il dut choisir le lieu d'implantation de la succursale destinée à importer et diffuser en Europe sa prochaine production d'eau et boissons préhistoriques. C'est à Toulon que l'iceberg rejoindrait la Dream Team. Il songea même à sponsoriser le RC Toulon pour s'ancrer dans la ville et faire connaître les Drinks Dusautoit en conjuguant la notoriété de Louis à celle des rugbymen champions d'Europe.

Louis signa un contrat de consultant avec les Drinks Dusautoit et rentra à Toulon en compagnie du cousin, aux frais de la toute nouvelle société. Il suivit avec satisfaction les démonstrations des hôtesses ; les gestes à faire avant de s'écraser étaient les mêmes pour les passagers de la classe affaires que pour les autres. Le tapis de nuages ne l'impressionna pas, ni le trou d'air qui secoua la carlingue. Il était pris dans un tourbillon où il ne bougeait même plus la tête, étant passé au-delà même du dodelinement. Tout allait trop vite pour lui. Son esprit tournait à vide et il regarda sans rien y comprendre le film projeté à la mi-vol, un western où seul le vieux chef indien abattu par les colons parvint à retenir son attention parce que ses pommettes saillantes et ses yeux bridés lui rappelèrent Ivaluardjuk. En révélant l'existence du grenier-banquise et de ses occupants, il avait rompu un lien sacré. Il ne comprenait pas comment les choses s'étaient enchaînées jusqu'à le faire voyager aux côtés de ce Canadien affairiste auquel il allait donner accès au grenier-banquise.

L'Airbus atterrit à l'aéroport de Toulon-Hyères sous un soleil que Louis retrouva comme on retrouve un ami à la jovialité souvent excessive mais dont l'absence le fait regretter. Il indiqua l'adresse au chauffeur du taxi hélé par le cousin, lequel s'y engouffra en proférant : « Climatisation ! Climatisation ! » Le cuir de la berline prolongeait celui des sièges de la classe affaires, les vitres teintées filtraient lumière et bruits extérieurs. Habitué aux transports en commun, Louis n'aurait jamais songé à prendre un taxi qu'il associait à une dépense inutile, et c'est avec un léger malaise qu'il le fit stopper à hauteur de son pavillon. Il espéra qu'aucun voisin ne l'en verrait sortir. Le cousin demanda au taxi de l'attendre. Avec ses lunettes noires siglées et ses vêtements ajustés, il apportait une note d'exotisme dans ce quartier modestement pavillonnaire. Le malaise de Louis s'accentua lorsqu'il s'effaça pour le faire entrer chez lui. Ça sentait le renfermé. Le salon semblait avoir rapetissé, le plafond profité de son absence pour se relâcher de quelques centimètres. Le cousin ôta ses verres fumés. Il regarda la tapisserie encombrée de tournesols géants puis s'offrit une tournée de collyre, comme s'il voulait nettoyer ses yeux de cette orgie florale. Peut-être ces fleurs hypertrophiées lui rappelaient-elles les violettes ukrainiennes. Louis l'invita à s'asseoir et alla chercher deux bières fraîches. Ils trinquèrent à la réussite de l'opération. Louis but sa canette le plus lentement possible pour retarder le moment des présentations. Il se sentait une âme de Judas. Le cousin but la sienne d'un trait et refusa d'en prendre une seconde. Il lui tardait de voir la Dream Team puis d'aller à son hôtel pour passer des coups de fil. Il voulait commencer le plus tôt possible la visite des locaux destinés à la succursale européenne des Drinks Dusautoit. Il ne s'agissait pas de perdre son temps, ni d'aggraver sa sécheresse oculaire en subissant plus longtemps cette débauche de tournesols géants. Un silence s'installa. Le plafond craqua comme si là-haut les membres de la Dream Team avaient bougé, rectifiant leur position avant les retrouvailles. Contemplant la mousse affaissée au fond de son verre, cerné par le silence du cousin lui-même assiégé par les tournesols, Louis soupira. Se rappelant que le taxi attendait, il culpabilisa à la pensée de l'argent ainsi gaspillé et renonça à temporiser davantage. Précédant le cousin dans l'escalier, il s'arrêta sur le palier face à l'entrée du grenier-banquise. Malgré l'isolation, le froid filtrait à travers la porte. Prétextant qu'il n'avait qu'un seul anorak, il entra seul pour reprendre contact avec la Dream Team hors de la présence du cousin. L'odeur familière lui parvint dès l'ouverture de la porte. Il lui fallut quelques secondes pour s'habituer à la pénombre et retrouver les silhouettes familières. Louis resta quelques minutes ainsi, immobile et pensif, se mettant à l'unisson des lieux avant de faire coulisser le store occultant. La Dream Team apparut alors dans toute sa plénitude. Il la revit avec satisfaction mais sans ressentir de véritable émotion. Une légère déception flotta dans le grenier-banquise. La présence d'un tiers gâchait tout. Il sortit, passa l'anorak au cousin et referma la porte derrière lui. Après tout, songea-t-il pour atténuer son pincement au cœur, le cousin les avait tous sauvés, lui, Alice, Marc et les trois marins. Sans lui et ses principes diététiques, tous seraient probablement morts noyés. Il méritait d'être introduit dans le grenier-banquise.

Le cousin constata que Louis n'avait pas menti ni exagéré. La Dream Team, le grenier-banquise, le canapé-iceberg existaient bien tels que décrits. Sous le toit de ce pavillon minable, dans ce quartier maussade, un loser ordinaire était sorti de l'orbite du raisonnable pour aller flotter dans un univers parallèle insoupçonné. C'était ridicule, grotesque, inattendu, impressionnant ; et utile aux Drinks Dusautoit, compléta-t-il en se frottant les mains, de froid autant que de satisfaction. Il prit quelques clichés avant de rejoindre Louis sur le palier. « Superbe, magnifique, étonnant, fantastique », adjectiva-t-il avec vigueur. « Bravo, mon vieux », s'exclama-t-il encore en tapant sur l'épaule de Louis. « Bon, je file, je ne veux pas déranger plus longtemps, on reparlera de tout ça. Et ne va pas t'enrhumer, un chaud-froid, c'est vite attrapé », conclut-il en remettant ses lunettes de soleil avant de traverser au pas de course la pièce aux tournesols.

Louis le rattrapa alors qu'il refermait le portillon et eut juste le temps de faire un signe de main aux vitres teintées du taxi qui déjà démarrait. Il revint ensuite s'asseoir au milieu des ogres floraux. Il n'est pas si antipathique, ce Dusautoit, se dit-il. Peut-être un peu familier, un peu trop excité aussi, je ne sais pas ce que Lise en aurait pensé. Enfin, tout ça c'est pour la bonne cause, se rassura-t-il en observant une mouche survoler un tournesol puis se poser sur le cœur brun et poilu de la fleur gigantesque. Après avoir pesé le pour et le contre il se décida pour une sieste immédiate, repoussant le moment des véritables retrouvailles avec la Dream Team comme s'il voulait lui laisser le temps de lui pardonner l'intrusion du cousin.

Le projet du cousin était assez fou pour paraître vraiment fou mais suffisamment bien pensé pour être pris au sérieux et susciter l'intérêt. Les tempêtes, divers imprévus, plusieurs casses mécaniques du *Nathanaël* mirent à mal sa réserve en collyre mais tous les obstacles furent surmontés et les nombreuses péripéties du voyage suivies par un nombre croissant de sympathisants, de curieux et de médias. Plus l'iceberg perdait de sa masse, plus l'intérêt du public augmentait. Alice utilisa à plein le potentiel des réseaux sociaux, ouvrant des forums de discussion, encourageant les paris sur le volume de l'iceberg à son arrivée à Toulon, sur sa date d'entrée dans la rade.

Louis avait repris ses habitudes. Après son expresso pris au zinc du Au bien nommé et une pause sous son platane, il se rendait à la médiathèque où il n'était plus un abonné anonyme. Tous le saluaient familièrement à l'exception de la bibliothécaire, qui savait à quoi s'en tenir et ne se laisserait pas influencer par sa douteuse renommée de bouffon surmédiatisé. Ses lèvres en pinçaient de plus en plus contre Louis. Semblant ne pas remarquer cette hostilité persistante, celui-ci se connectait tranquillement sur le site de Save Our Future pour suivre la rude avancée du *Nathanaël* à travers l'Atlantique. Le site présentait tous les acteurs de l'opération, dont lui-même. Des liens renvoyaient vers ses deux vidéos. La bibliothécaire passait régulièrement derrière lui pour vérifier qu'il ne détournait pas l'outil culturel à des fins vicieuses. Les ordinateurs de la médiathèque permettaient aussi à Louis de rester en contact avec Alice. Il considérait chacun de ses courriels comme une vraie lettre dont on tripote un peu l'enveloppe avant de l'ouvrir. Ainsi tapotait-il sa souris avant de cliquer pour renouveler cette opération magique, l'apparition sur l'écran de mots écrits à des milliers de kilomètres de là, le surgissement de photos où Alice lui souriait. Il fut considérablement ému lorsqu'il reçut le premier message de Marc, envoyé depuis le *Nathanaël*. Il put dès lors donner des nouvelles de première main au patron du Au bien nommé et aux habitués. La vidéo où il flirtait avec la femelle manchot empereur et celle où il scandait « Toulon! Toulon! Toulon! » continuaient à être massivement regardées. De nombreux détournements et imitations assuraient la pérennité de ces deux séquences. Le facteur lui livrait régulièrement des sacs de courrier, le webmaster de Save Our Future lui transférait d'innombrables courriels. Sa petite célébrité suivait son cours. C'était déjà trop pour lui, ce n'était pourtant que l'antichambre de ce qui l'attendait.

Lorsque le *Nathanaël* se présenta au large de Toulon, Louis était prêt. Anxieux, mais prêt. Il fut également prêt lorsque la camionnette envoyée par les Drinks Dusautoit klaxonna devant son pavillon pour s'annoncer. D'une main ferme, il ouvrit la porte du grenier-banquise aux deux manutentionnaires entre les mains desquels allait transiter la Dream Team. Peut-être quelque chose frémit-il alors en lui, un soupçon de culpabilité, l'ombre d'un regret, comme s'il venait de désigner la cache de clandestins à une milice. Personne n'en saura jamais rien, pas même lui, car il était peu sujet à l'introspection et s'interdisait toute spontanéité, réflexe d'ancien commerçant devant rester neutre et n'exprimer que des banalités devant la clientèle. Ainsi son intériorité était-elle devenue comme une annexe de Météo France et de l'actualité du RC Toulon. C'était donc une intériorité paisible, le temps étant souvent au beau fixe et le RC Toulon souvent vainqueur. L'œil fixe, il regarda les hommes descendre un à un les membres de la Dream Team du grenier-banquise pour les ranger à l'arrière du fourgon.

La double porte arrière du véhicule avait disparu depuis plusieurs minutes dans le virage qu'il l'entendait encore se refermer sur la Dream Team. Il resta quelques instants à regarder la route où un chien apparut, truffe à terre, qui lui rappela celui des rêves d'Alice. Le chien longea le trottoir d'en face et disparut. Troublé, Louis rentra chez lui en oubliant d'abaisser le loquet du portillon. Il perçut instantanément le vide créé par le départ de la Dream Team. Le pavillon semblait avoir été dépressurisé. C'était l'heure de la sieste mais pas le moment. Comme au rugby, il fallait clôturer l'action engagée. Avant de l'abaisser, il tripota quelques secondes l'interrupteur commandant la climatisation du grenier-banquise. La manette claqua sèchement, comme venaient de claquer les portes du fourgon. Cela fait, il monta les marches vers le grenier-banquise où il entra après avoir enfilé son équipement pour la dernière fois. Il pressentait ce départ comme définitif. Il était prévu qu'à l'issue de l'opération la Dream Team réintègre les lieux, mais quelque chose lui disait qu'une époque était révolue. La vision de cet espace vide lui fit un effet proche de celui jadis ressenti par sa mère lorsque lui-même avait quitté sa chambre d'ado pour parfaire son apprentissage à Toulon. Sur le parquet, la poussière dessinait en creux douze paires d'empreintes qu'il regarda longuement. Puis il s'allongea sur le canapé-iceberg où il s'endormit comme sa mère s'était assoupie sur le lit qui n'accueillerait plus son enfant que les week-ends.

Il se réveilla en sueur. L'après-midi touchait à sa fin. La température avait grimpé en flèche, passant de moins vingt à près de trente degrés. Il étouffait. Son cœur cognait violemment, son crâne comptait les coups. Une odeur rance le saisit à la gorge tandis qu'il enlevait à la hâte bonnet Thermoplus, moufles, bottes et anorak. Ça sentait la serpillière sale. Le grenier-banquise s'était transformé en un grenier-désert vide et brûlant. La chaleur l'avait investi avec férocité, se vengeant d'en avoir si longtemps été exclue. Avec le départ de la Dream Team, il y avait là comme un condensé du réchauffement climatique et de la disparition d'une espèce. Louis ne se sentait pas bien du tout. Son gros coup au moral s'aggravait d'un gros coup de chaud. Pendant qu'il dormait des mouches s'étaient aventurées dans cet espace jusqu'alors inhospitalier à toute forme de vie non polaire. Elles explorèrent en détail son visage, s'aventurèrent à l'orée de ses narines embroussaillées de poils, seules parties accessibles de son anatomie emmitouflée. Peut-être leur bourdonnement lui fit-il retrouver, du fond de son sommeil, des sensations issues du temps où leurs cousines africaines arpentaient le ventre de sa mère à l'intérieur duquel, logé et nourri, il se laissait vivre. Il était trop mal en point pour les chasser lorsqu'elles se précipitèrent pour visiter sa nudité après qu'il se fut débarrassé en urgence de son équipement polaire. Couvert de mouches, il resta assis quelques instants sur le canapé-iceberg, s'y enfonçant comme si celui-ci commençait à fondre. Enfin il put se lever et descendit en vacillant l'escalier. Il but longuement à même le robinet de la cuisine, regardant avec mélancolie la chaise ayant accueilli le Flamand à son arrivée. Il prit ensuite une douche froide avant de se coucher à nouveau mais dans son lit, bercé par le ronflement du ventilateur.

Le cousin voyait grand. Or, l'iceberg avait fondu plus que prévu et même si l'avoir remorqué jusqu'à Toulon constituait en soi un véritable exploit et un succès médiatique, il ressentit comme un affront personnel cette excessive perte de volume qu'il appela une défection. L'iceberg lui fit penser à une sorte de motte molle. Ce n'est pas l'image qu'il souhaitait donner des Drinks Dusautoit. Il suintait, n'évoquant plus que lointainement la masse étincelante aux contours aigus qu'il était à son départ. Lorsqu'il le vit, le cousin se versa en vain quelques gouttes de collyre, son irritation étant intérieure plus qu'oculaire. Puis il se frappa le front. Il était de ces personnes qui font vraiment ce geste lorsqu'elles trouvent la solution à un problème. La lumière entra où régnait l'obscurité. Marc, qui venait de l'accueillir à bord du *Nathanaël* et avait remarqué sa déception, le dévisagea. En une fraction de seconde, son visage renfrogné avait fait volte-face. Il souriait, fermement accroché au bastingage face à l'iceberg déchu.

Si tu ne vas pas à la montagne, la montagne viendra à toi. Le proverbe déjà mis en pratique venait de lui révéler tout son potentiel. On pouvait faire d'une montagne deux coups ! Le cousin venait tout simplement de se rappeler qu'un iceberg ne se résumait pas à ce qu'on en voyait. L'essentiel de sa masse était dans l'eau où, de plus, elle fondait moins vite que la partie émergée. Il suffirait donc de le retourner. Marc émit des doutes sur la faisabilité de ce retournement de situation. Le cousin les balaya d'un revers de main.

Il fut convenu que le *Nathanaël* s'ancrerait au large de Toulon le temps de réunir une équipe capable de mettre l'iceberg sens dessus dessous. Le cousin recruta un ingénieur ayant l'expérience des renflouements d'épaves. Celui-ci estima la chose possible à la condition qu'on lui donne des moyens conséquents et du temps. Le cousin lui donna carte blanche pour les moyens mais exigea que l'opération se fasse rapidement. Il était comme un cheval qu'on retient alors qu'il sent l'écurie. De son côté, après des semaines d'une navigation éprouvante, l'équipage avait hâte d'accoster. L'ingénieur proposa alors une solution intermédiaire. Il serait moins difficile de coucher l'iceberg que de lui mettre les pieds en l'air. D'énormes flotteurs pourraient être fixés par des plongeurs à l'extrémité de sa partie inférieure puis gonflés à partir de la surface. La hauteur resterait modeste mais la surface émergée serait démultipliée, l'opération moins compliquée, moins coûteuse et surtout plus rapide que celle initialement envisagée. Le cousin accepta en soupirant. L'ingénieur tint sa promesse. Une dizaine de jours plus tard, tous furent émerveillés de voir l'iceberg se coucher en douceur sur le flanc tandis que des flotteurs géants jaillissaient hors de l'eau, exhibant les sigles de Save Our Future et des Drinks Dusautoit.

L'entrée de l'iceberg dans le port de Toulon fut un énorme succès médiatique et populaire. Le *Nathanaël* se laissa aller à quelques coups de sirène de brume. Louis, bob sur la tête et boots aux pieds, entouré de la Dream Team, se tenait sur l'iceberg comme sur une estrade. C'était là une des clauses prévues par son contrat de consultant pour les Drinks Dusautoit. Le spectacle de ce vieil homme à l'air abasourdi, planté sur son îlot de glace au milieu de douze manchots empereurs naturalisés, était saisissant. Si Save Our Future offrait une caution écologique à l'opération, Louis lui donnait un visage. Déjà très présent sur les réseaux sociaux,

Louis en devint une star. Les Drinks Dusautoit bénéficièrent ainsi d'une forte couverture médiatique et accumulèrent un énorme capital symbolique et de sympathie avant même de lancer leur production. Les journalistes réclamèrent toujours plus d'interviews exclusives au cousin et à Louis. Le premier communiquait, le second dodelinait. Des investisseurs institutionnels en nombre et en importance croissants souhaitèrent participer à l'aventure des Drinks Dusautoit.

Recruté par Save Our Future, un collectif de sculpteurs sur glace s'attaqua à la masse de l'iceberg. Harnachés et encordés comme les laveurs de vitres des buildings, suspendus sur les flancs de glace, ils portaient gants et bonnets malgré l'éclatant soleil varois. Les yeux protégés par des verres fumés, ils taillèrent la glace à coups de pics. Des morceaux tombaient à l'eau où ils étaient récupérés par des gamins qui les vendaient ensuite comme glaçons préhistoriques. Tout un marché parallèle se mit en place. On vit flotter puis se dissoudre dans les verres de pastis des glaçons en forme de manchots empereurs pour apéros tendance. Des contrefaçons apparurent pour satisfaire la demande grandissante. Les touristes furent les principales victimes consentantes de ces faux glaçons préhistoriques moulés au sortir de robinets ou, au mieux, de bouteilles d'eau minérale. D'innombrables badauds regardèrent les sculpteurs donner forme à l'iceberg depuis les quais ou l'une des nombreuses embarcations agglutinées dans le port. Deux semaines de taille firent apparaître un volatile qui évoquait un canard plus qu'un manchot empereur, dont la silhouette anthropomorphique s'accommode mal de la position couchée.

La chaleur s'installant, les sculpteurs durent régulièrement redonner forme à la glace dont la fonte s'accélérait, brouillant ses contours, rabotant les ailes, le bec et la queue de l'animal, aplatissant sa tête, creusant son dos. Louis et la Dream Team furent condamnés à séjourner sur une surface amollie où de petites flaques se formaient. De loin, on pouvait voir une légère brume envelopper la sculpture. Quelques mouettes se posaient sur la glace du bout des pattes pour en repartir aussitôt en poussant des cris de protestation.

Louis était le plus souvent installé dans le canapé-iceberg que le cousin avait eu l'idée de faire installer là, en une sorte de reconstitution à ciel ouvert du grenier-banquise. Des millions de personnes le virent dodeliner de la tête sur leurs écrans, assis au milieu de la Dream Team, le regard fixé au loin. « Le regard d'un homme d'expérience », commentèrent les sympathisants de base. « Celui d'un visionnaire », tonnèrent les plus engagés. « Un regard affligeant, même ceux de ces ridicules volatiles empaillés sont plus vivants », ricanèrent une poignée d'irréductibles. En réalité, Louis fixait le banc sur lequel il s'était si souvent assis pour contempler l'eau bleue du port, à présent transformé en une sorte de site politico-forain dont il constituait l'attraction majeure. Des cortèges officiels, des véhicules hérissés d'antennes traversaient Toulon devenu capitale écologique. Politiques, journalistes, curieux de toutes origines convergeaient vers le port. Louis enchaînait interviews et séances photo. Il invitait ses visiteurs à s'asseoir à ses côtés sur le canapé-iceberg comme un roi ayant quitté son palais mais conservé son trône et sa garde rapprochée, figée en un impeccable garde-à-vous. Il répondait sobrement, avec beaucoup de bon sens, parfois grommelait comme pour laisser à son visiteur la liberté d'entendre ce qu'il souhaitait. Il posait volontiers pour des selfies. Le magazine *Famille et Santé* le désigna grand-père idéal, la revue *Chiens et Chats* le promut héros de la cause animale. Un site spécialisé dans la traque des célébrités publia une vidéo montrant Alice murmurer dans son oreille tout en rajustant tendrement son bob. Louis devint un people international. Il cannibalisa l'actualité. Journaux et magazines consacrèrent d'innombrables doubles pages à ce phénomène qui permettait d'alimenter toutes les rubriques, météo comprise, et jusqu'aux pages loisirs qui proposèrent à leurs lecteurs de tester leurs connaissances et leur imagination : Existe-t-il un chaînon manquant entre le manchot empereur et le pingouin ? Quel nom donner à un manchot empereur apprivoisé ? Pourquoi les membres de la Dream Team sont-ils douze ? Enfin, Louis fit la une du *Times* qui l'intégra dans sa présélection des cinq personnalités les plus influentes du moment. Mais c'est l'internet qui lui assura la consécration mondiale lorsqu'il apparut en personnage de dessin animé sur la page d'accueil du moteur de recherche le plus utilisé de la planète, dodelinant sur une plaque de glace, en bob et boots. On lui prêta des sentences telles que : « On vit à crédit, mais on meurt au comptant » ; « La vérité est l'une des formes de l'erreur » ; « Quand sonne l'heure des comptes, on tue l'horloger », et bien d'autres encore. C'est lui encore qui le premier aurait parlé d'une humanité ignoreuse plutôt qu'ignorante car l'ignorant peut cesser de l'être, mais pas l'ignoreux. Lady Gaga interpréta son tube « Oh Louis, oui Louis » dans un clip où elle apparaissait chaussée de boots, coiffée d'un bob, vêtue d'un maillot du RC Toulon et ceinturée d'une bouée taillée dans la glace. Lola Tapioca, la danseuse vedette du Crazy Horse, lui dédicaça un string plus léger que le timbre collé sur l'enveloppe l'ayant acheminé. Faute d'une surface suffisante de tissu, la dédicace fut écrite au verso de l'enveloppe. Un fabricant de peluches de Grenoble fit fortune en créant le boboots, manchot empereur portant bob et boots. Jeff Koons fit fabriquer en un temps record un boboots en aluminium framboise d'une hauteur de trois mètres. Le dodelinement dont Louis était coutumier donna naissance au Louistiti, sorte de danse où il s'agissait de dodeliner de la tête en cadence, face à face. La louisimania déferla sur la planète et le cousin réduisit de jour en jour ses prises de collyre jusqu'à pouvoir s'en passer.

Mais Louis ne faisait pas l'unanimité. Sa présence envahissante agaçait, sa totale absence de charisme révoltait. L'immense courant d'adulation se borda d'une écume d'hostilité qui eut pour principal effet d'accentuer son déjà énorme impact médiatique. On le traita de Forrest Gump de l'écologie. Des groupes d'influence le présentèrent comme une marionnette manipulée par l'affairiste Jean Dusautoit. Une partie des écologistes l'accusa de réduire leur cause à du show-business. Des lobbyistes expliquèrent que la fonte des glaces était un épiphénomène, une simple colonne dans un bilan comptable global, et qu'on trouve toujours un moyen de s'arranger avec la comptabilité (ce qui aurait fait hurler le père de Louis). Un journaliste technophile évoqua les recherches secrètes menées par un des laboratoires d'Alphabet, la maison mère de Google, tout prêt d'annoncer la création d'une bactérie capable de produire du froid et qui pourrait reconstituer la banquise en quelques mois. Ce programme nommé The Stop-Gap Plan (Le Projet Bouche-Trou) reposait sur la conviction que les biotechnologies pouvaient tout solutionner. Capables d'invraisemblables exploits chimiques, les bactéries sont les petites mains de la planète et sauraient la repriser, réparer ses déchirures pour la maintenir en état de fonctionner quoi qu'il arrive. « Une banquise de perdue, dix de retrouvées », tel devint leur mot d'ordre. Mais de nombreuses voix s'élevèrent pour dénoncer la folie de ce projet susceptible de transformer la planète en glaçon.

Des économistes, des intellectuels, des chercheurs initièrent le mouvement des Nouveaux Experts. Selon eux, il fallait radicalement changer de vision, changer de paradigme comme l'avaient fait Galilée, Darwin et Einstein. La pollution, la production croissante de déchets et le réchauffement climatique ne devaient plus être considérés comme un problème mais comme la solution. Pour les Nouveaux Experts, accepter et accélérer la fonte des glaces permettrait de s'y adapter et de l'exploiter. La décroissance de la banquise était bonne pour la croissance économique. Plutôt que tenter de retarder l'inévitable, développaient-ils, il fallait précéder l'avenir et cesser de vouloir réintégrer un passé révolu ou se maintenir dans un présent perpétuellement en retard. Ils proposaient notamment de transformer les pôles Nord et Sud en immenses décharges. On les renommerait trou Nord et trou Sud. Plus vite l'humanité y déverserait ses déchets, plus vite ceux-ci fermenteraient et plus vite trou Nord et trou Sud s'agrandiraient et pourraient en accueillir de nouveaux. Les Nouveaux Experts nommèrent ce phénomène : amollissement périphérique exponentiel. Trou Nord et trou Sud seraient les deux mamelles de la nouvelle économie : l'économie du déchet. Le symbole de ce renversement conceptuel ne saurait être le manchot empereur, créature provinciale limitée à un habitat étroit et condamné, mais une algue. Par sa capacité à croître indéfiniment en éliminant toute concurrence, *Caulerpa taxifolia* sera le symbole idéal de ce nouvel ordre mondial. Elle l'emporte même sur le surmulot (*Rattus norvegicus*) que ses dents à croissance continue, son taux de fécondité et sa férocité à éliminer la concurrence désignaient comme son principal rival. *Caulerpa taxifolia* n'a pas les faiblesses de *Rattus norvegicus* dont la femelle est capable de se sacrifier pour sauver sa portée. Observée pour la première fois en 1984 face au musée océanographique de Monaco sur une surface d'à peine un mètre carré, discrète start-up végétale, elle était passée en quelques années au stade industriel et colonisa des millions d'hectares. La massification des déchets, expliquaient-ils patiemment, suppose une unification des comportements consuméristes, sur le modèle de *Caulerpa taxifolia* qui ne laisse subsister que les organismes utiles à sa croissance. Accélérer le réchauffement planétaire plutôt que le combattre est une idée qui changera la face du monde.

La soudaine régression de cette algue contraria les communicants des Nouveaux Experts, qui souhaitèrent secrètement qu'une espèce dérivée s'adapte à l'eau douce et soulage fleuves et lacs de leur aberrante multiplicité d'espèces.

Le phénomène se nourrissait de lui-même. Plus l'iceberg fondait, plus la renommée de Louis grandissait. Déjà symbole, il devint une marque. On vit son profil s'incurver sur des mugs, son regard flotter sur des fonds d'écran, son visage se friper sur des draps de bain, ses joues se déformer sous la tension de jeunes poitrines couvertes de tee-shirts à son effigie. La municipalité de Toulon lui décerna une médaille et proposa d'acheter le *Nathanaël* pour en faire un centre pédagogique flottant destiné à sensibiliser le public à la fonte des glaces et au sort du manchot empereur. L'emplacement supposé de l'armoire flamande ayant accouché du premier maillon de l'épopée louisienne fut signalé par un panneau de bronze. Le conseil municipal décida à l'unanimité que l'avenue menant au port serait rebaptisée avenue Louis. Le cousin et Alice se réjouissaient de la situation tout en s'inquiétant de cet emballement médiatique qui échappait à leur contrôle. Utilisant un drone, un paparrazi prit une photo appelée à devenir célèbre ; elle montrait Louis yeux clos, mains croisées sur son ventre, entouré de la Dream Team qui semblait veiller sa dépouille mortelle et la protéger, becs pointés vers l'extérieur.

Encerclé par des foules d'admirateurs, Louis renonça à regagner pour la nuit son pavillon non moins assiégé de fans. Il dormit à la belle étoile, entouré de sa garde impériale dont chaque membre lui sembla de plus en plus réel alors que le reste du monde s'enfonçait dans un brouillard de flashs, un brouhaha de questions, un brassage de visages et de bras tendus vers lui. Il savait que le temps lui était compté. L'iceberg fondait inexorablement et le manchot empereur de glace finirait le bec dans l'eau. Louis redoutait cette échéance qui le rendrait à son pavillon Le grenier-banquise appartenait désormais à une période révolue de sa vie. Dans le calme de la nuit, couché dans le canapé-iceberg face aux étoiles, il retrouva les vertus du yoga du froid et rétablit un puissant contact spirituel avec la Dream Team. Sur les quais, à bord d'embarcations de toutes sortes, des veilleurs se relayaient derrière les milliers de bougies allumées en soutien à son engagement pour l'avenir du manchot empereur, de la banquise, de la planète et de l'humanité. Vu du ciel, Louis reposait au centre d'une vibrante auréole de lumière et d'amour.

La glace fondait, le sol se dérobait sous ses pieds, mais le ciel nocturne s'ouvrait à lui de plus en plus vaste, de plus en plus profond. On entrait dans la saison des étoiles filantes, exceptionnellement nombreuses cet été-là. Certains des veilleurs issus des Scouts chrétiens de Provence s'extasièrent à la vision de Louis couché dans son canapé-iceberg au milieu des manchots empereurs, sous une voûte quadrillée d'étoiles filantes. Il leur apparut comme une sorte de nouveau Messie et ils remplacèrent leurs bougies chauffe-plats par des cierges. Louis n'avait certes rien d'un nourrisson couché dans sa crèche sous l'étoile du Berger, veillé par des animaux familiers, mais les temps avaient changé. Nouveaux temps, nouveaux symboles, l'âne et le bœuf passaient le flambeau au manchot empereur. Et s'il n'était pas le Messie, tempérèrent les moins exaltés, il était quelque chose comme son apôtre, son Pierre ou son Paul. Le passé charcutier de ce vieil homme, les tonnes de chairs sanglantes passées par ses mains rappelaient les sesterces passées entre les mains de Paul lorsqu'il percevait les impôts pour l'empereur romain. On rapprocha sa traversée de la brocante et son coup de foudre pour le manchot empereur avec l'illumination de Paul sur le chemin de Damas. Cet épisode confirmait que les voies du Seigneur restent impénétrables, au point de passer par l'intérieur d'une armoire flamande. Cette vague de mysticisme ne tarda pas à provoquer les réactions agressives de groupuscules d'écolo-radicaux d'extrême gauche. Alice alluma des contre-feux. Elle rappela que lors de l'épisode des biscuits hallucinogènes c'est le capitaine du *Nathanaël* qui avait voulu marcher sur les eaux, pas Louis qui s'était contenté d'un très laïque soutien au RC Toulon. Il était hors de question de laisser transformer Louis en saint symbole. Elle le protégea de son mieux, filtrant visiteurs et informations, veillant à son confort, écartant les soutiens inappropriés. Grâce à ses efforts, les passions qu'il suscitait semblèrent ne pas atteindre Louis. Mais son indifférence était telle qu'Alice s'interrogea sur cette apparente facilité à supporter la situation. Attentive à ses moindres gestes, elle nota qu'il ne dodelinait plus de la tête. Louis, si facilement déstabilisé, si prompt à dodeliner, ne produisait plus ce symptôme caractéristique alors même qu'il occupait une position qui aurait fait tourner la tête à l'individu le plus sûr de lui. Son regard flottant l'inquiétait aussi. Il n'était pas du genre à rêvasser. Même sous l'effet des biscuits hallucinogènes il n'en avait pas fait davantage qu'un supporter ordinaire, n'allant pas jusqu'à s'imaginer marquer un essai sous les couleurs du RC Toulon après une percée de cinquante mètres dans un stade en transe.

Alice n'avait pas tort de s'inquiéter. Louis commençait à craquer. Il s'était laissé porter par les événements dont l'accumulation menaçait à présent de l'ensevelir. Fidèle à sa nature placide il ne s'extériorisait pas, supportant jusqu'à ces paparazzis qui le photographiaient dans son sommeil et dont les flashs explosaient dans son crâne, le laissant abasourdi sous les étoiles. Il se fissurait discrètement comme un iceberg dont la partie émergée continue à faire bonne figure tandis que sa base part en quenouille. Il perdit l'appétit, ce qui fut interprété comme une grève de la faim adressée à l'ignoreuse humanité, à son irresponsabilité et à son avenir qui irait à vau-l'eau au sens le plus littéral du terme, emporté par la fonte des glaces. Il bouda intensivement. Plus personne ne put s'asseoir à ses côtés sur le canapé-iceberg sans qu'il tourne le dos, sinon Alice qu'il tolérait mais qui échoua à le tirer de son silence. Patiente, elle apprit à déchiffrer les rares grognements qu'il émettait parfois en réponse à ses questions ou à ses propositions. Lorsque son prénom scandé par des admirateurs lui parvenait, il bougeait ses lèvres comme s'il tétait dans le vide. Bientôt il resta couché, trop affaibli pour arpenter la glace entre huit et neuf heures comme à son habitude, calme et digne, concentré sur chacun de ses pas pour ne pas glisser. Éditions spéciales, avis d'experts, réunions publiques, discussions sur les forums se multiplièrent pour tenter de donner sens à ce qui semblait bien être un sacrifice, un don de soi. Des messages de soutien affluèrent, des grèves de la faim solidaires démarrèrent sur les cinq continents. Les manchots empereurs mâles étant des athlètes du jeûne capables de rester quatre mois sans avaler la moindre crevette, beaucoup craignirent que Louis n'ait l'intention de suivre leur exemple.

Un grand silence s'abattit sur Toulon. La foule veilla Louis en silence. Les tailleurs de glace renoncèrent à leur travail, trop bruyant, et la sculpture retourna à l'informe. Elle prit une allure de catafalque flottant sur les eaux du Léthé. Un médecin contrôlait son état plusieurs fois par jour. Louis commença à divaguer. Il refusa d'être veillé par d'autres qu'Alice, Marc et les membres d'équipage du *Nathanaël*. Le cousin s'informait de son état depuis l'une ou l'autre des métropoles qu'il parcourait pour établir des franchises des Drinks Dusautoit. Tous devaient tendre l'oreille pour recueillir les quelques mots que Louis laissait parfois échapper. Alice fut la première à comprendre qu'il s'agissait de bribes de recettes. Son esprit semblait s'être réfugié dans les recettes du boudin blanc aux cèpes et des rillettes à la provençale où s'intercalaient des noms propres. Le sien, Alice, revenait à intervalles réguliers sans qu'elle sache s'il l'appelait ou prononçait son prénom comme il prononçait Lise, Lavoisier, Ivaluardjuk, le Flamand, Chantal Garage. Il évoqua également une mystérieuse Clinencourt trois vitesses et tout alu, sans doute une bicyclette ou une trottinette de son enfance.

Le jour vint où le médecin, secouant lentement la tête dans un dodelinement qui n'était pas sans rappeler celui de son patient en des temps meilleurs, ordonna son hospitalisation. Lorsqu'il prit conscience de son proche transfert, Louis trouva la force de demander à être hospitalisé chez lui, dans le grenier-banquise. Rien ne s'y opposait. Alice fit nettoyer et aménager les lieux de façon à l'accueillir, lui et les infirmières qui se relaieraient à son chevet. La Dream Team fut également réintégrée sous les combles raisonnablement climatisés. Une partie des veilleurs du port se déplaça devant le pavillon. D'autres choisirent d'accompagner l'iceberg jusqu'à sa dernière goutte. Des paroles d'encouragement, des prières montèrent vers le grenier où reposait Louis désormais alimenté par transfusion. Des fleurs, des boboots s'accumulèrent devant le portillon. Alice communiqua quotidiennement son état de santé. Soucieuse de rassurer, elle passa sous silence l'état de plus en plus délirant du patient le plus célèbre de la planète. Louis continuait à marmonner des bribes de recettes qu'une infirmière soudoyée enregistra au profit d'un magazine qui renonça à les publier, se contentant d'utiliser les photos prises par cette espionne de circonstance qu'un biographe identifierait comme la fille de la bibliothécaire aux lèvres pincées, sans doute la seule Toulonnaise à persévérer dans son hostilité envers ce personnage d'exception.

Les soins médicaux maintinrent Louis hors de danger, mais son refus de communiquer inquiétait tout autant que son jeûne. Certains évoquèrent l'effet à retardement des biscuits contaminés, d'autres parlèrent de la réaction prévisible à une pression aussi soudaine qu'écrasante. L'insolation, l'empoisonnement, un chaud et froid ayant dégénéré furent aussi avancés. L'explication politique restait toutefois la plus partagée. Louis était solidaire de la fonte des glaces représentée par l'iceberg qui poursuivait son inexorable dissolution dans l'eau du port. Comme cet iceberg qui transpirait à gouttes de plus en plus grosses, Louis fondrait en silence et disparaîtrait avec lui. L'iceberg symbolisait la banquise, Louis l'humanité. Alice regrettait parfois d'avoir participé à la mise en scène imaginée par Dusautoit. Pourtant, devant l'enthousiasme planétaire suscité par Louis, elle s'inclinait comme on s'incline devant tout destin hors du commun.

La fin de l'épopée louisienne fut tout aussi inattendue que son commencement.

Louis se rétablit progressivement. Il retrouva une autonomie suffisante pour rester seul dans le pavillon, errant en pyjama entre les tournesols du salon, la cuisine et le grenier-banquise, n'ouvrant qu'à Alice et à Christian, son médecin, qui avait connu Lise et ses bouffées de chaleur. Il s'était remis à parler mais très peu, préférant grommeler. Il passait beaucoup de temps à épousseter la Dream Team, allant jusqu'à cirer bec et ongles, s'inquiétant de sa réaction à la remise à température consensuelle du grenier. La radio et la télé lui manquaient mais il n'osait plus les allumer, ne voulant plus entendre parler de lui. Le *Var-Matin* était également proscrit. Il aspirait à retrouver l'anonymat pour boire en paix ses expressos, regarder l'eau calme du port depuis son banc, astiquer la tombe de Lise, mais savait que ce serait impossible. Il était dépossédé de ces choses simples et n'aurait pu sortir sans déclencher une émeute. Au septième jour de l'entrée de l'iceberg en rade de Toulon, Christian trouva son patient recroquevillé au milieu de la Dream Team, mort de froid dans le grenier où il avait réglé le thermostat au plus bas.

Son dernier souffle a été à la température préférée de son dernier amour, aurait tendrement murmuré Alice devant le corps raidi.

L'auteur remercie pour leur soutien : le Centre national du Livre, le Centre régional des lettres Midi-Pyrénées, la Maison Louis Guilloux, la Maison de pure fiction et, pour leur accueil : Isabelle Desesquelles et Michel Guyomard.

Achevé d'imprimer sur Roto-Page
en mai 2017
par l'Imprimerie Floch à Mayenne

N° d'éditeur : 2562 – N° d'édition : 183089
N° d'imprimeur : 91132
Dépôt légal : août 2017

Imprimé en France